口絵１　冬羽のままつがいとなったライチョウの雌雄
８章209ページ参照

口絵 2 2021年初めて雄を得てつがいとなった飛来雌（下）
8 章209ページ参照

口絵 3 田植え前の水田でカエルを捕獲したサシバ
3 章75ページ参照

口絵４ 近年ビルや橋に営巣を始めたチョウゲンボウ
３章85ページ参照

口絵５ 崖で繁殖したカワウの古巣で子育てするハヤブサ
３章91ページ参照

口絵６　人家の庭木で日中塒を取っていたトラフズク
5章137ページ参照

口絵７　まだ飛べない巣立ち直後のフクロウの雛
5章126ページ参照

口絵8 近年数を増やし、集団で繁殖するカワウ
6章163ページ参照

口絵9 崖の巣穴にいる雛にウグイを持ってきたヤマセミ
6章145ページ参照

口絵10 ヒマワリの種子を食べに来たカワラヒワの雄
1章21ページ参照

口絵11 人里に棲み黄色い太い嘴を持ったイカル
1章45ページ参照

口絵12　秋の終わりに大軍で訪れ、冬を日本で過ごすアトリ
7章201ページ参照

口絵13　北海道以北で繁殖し、冬に訪れるベニマシコ
7章183ページ参照　写真提供：保坂順一氏

口絵14 シベリアで繁殖し、冬に訪れるカシラダカ
7章189ページ参照

口絵15 年間を通して見られる身近な里の鳥ホオジロ
4章105ページ参照　写真提供：宮本奈央子氏

口絵16 冬鳥であったが、最近各地で繁殖開始したジョウビタキ
7章177ページ参照　写真提供：宮本奈央子氏

口絵17 かつて食用に捕獲された冬に訪れる鳥　ツグミ
7章195ページ参照　写真提供：宮本奈央子氏

口絵18　タカの嘴をした小さな猛禽　モズ
1章27ページ参照　写真提供：宮本奈央子氏

口絵19　春の訪れを告げる身近な鳥　ヒバリ
4章99ページ参照　写真提供：宮本奈央子氏

口絵20 喧しくさえずる鳥　オオヨシキリ
4章111ページ参照　写真提供：宮本奈央子氏

口絵21 近年繁華街に塒をとるようになった　ムクドリ
2章65ページ参照

口絵22 尾の長いスマートな鳥　オナガ
1章39ページ参照

野鳥と私たちの暮らし

信州大学名誉教授
中村 浩志

遊行社

はじめに

私が野鳥に興味を持ち、鳥の研究を始めたのは、信州大学教育学部に入学した時からでした。それ以来、同大学を退職した後の現在まで60年近くにわたり、主に長野県を舞台に様々な鳥の生態について研究してきました。この間に私自身が研究した鳥に加え、大学で学生さんの卒論研究を指導し、一緒に研究した鳥も加えると、１００種類ほどになります。

私が株式会社「遊行社」出版部 モルゲン編集部の本間千枝子さんから鳥のエッセイの執筆依頼を受けたのは、２０１７年の年末でした。全国の中学校・高校の生徒さんと先生方を対象にした月刊新聞モルゲンを毎月発行しているので、そこに執筆して欲しいとのことでした。それ以来、２０１８年4月から今年の２０２４年3月まで、6年間にわたり連載を続けてきました。

最初の3年間のエッセイのタイトルは「森に棲む鳥」で、毎月1種類の鳥について、特徴や分布、生息環境、一般的な生態に加え、私たちの研究から明らかになったことを中心にまとめてきました。その3年間で取り上げた31種類の鳥のエッセイは、「野鳥の生活森に棲む鳥」として２０２１年10月に「遊行社」から出版されました。

その後も連載は続き、「野鳥と私たちの暮らし」とタイトルを変えて、２０２４年3月まで続けてきました。本書は、前回の一冊目に続いて「野鳥と私たちの暮らし」という新たなタイトルで、前著では取り上げなかった種類の鳥についてまとめた33回のエッセイを、同じ「遊行社」から出版したものです。

前著で取り上げた鳥は、森に棲む鳥や森と深い関わりを持って生活する鳥でしたが、今回は開けた環境に棲む鳥について取り上げました。縄文時代以前の日本は、広く森で覆われ、開けた環境はわずかしか存在しませんでした。その後大陸からの稲作文化の普及により、現在のような開けた環境が平地に創り出されました。その開けた環境に移り棲んだのが、今回のシリーズで取り上げた私たちの周りに棲む身近な鳥たちです。

これらの鳥は、いずれも私たち日本人と関わりを持ち、日本の文化と深い関わりを持ってきた鳥です。野鳥と人との関わりの歴史にも目を向けて鳥を見るのも一つの視点と言えます。本書を手にした読者の皆さんが、野鳥を知り、少しでも心豊かな気持ちになって頂けましたら幸いです。

もくじ

はじめに　14

1章　耕作地に適応した鳥

草本の種子食に適応した鳥　カワラヒワ　20
小さな猛禽　モズ　26
身近な鳩　キジバト　32
カッコウの新たな宿主　オナガ　38
黄色い大きな嘴の鳥　イカル　44

2章　家屋に営巣し栄える鳥

人と密着して栄える　スズメ　52
家屋に移り棲んだ益鳥　ツバメ　58
繁華街に塒をとる　ムクドリ　64

3章　里山環境に適応した猛禽

里山の豊かさの指標　サシバ　72
人の生活に密着し、したたかに生きる鷹　トビ　78
都市部に進出した小型の猛禽　チョウゲンボウ　84
世界最速の鳥　ハヤブサ　90

4章　草原性鳥類

春の訪れを告げる身近な鳥　ヒバリ　98
身近な里の鳥　ホオジロ　104
喧しくさえずる鳥　オオヨシキリ　110
雷シギとも呼ばれる　オオジシギ　116

5章　人里に棲みついたフクロウ類
森の賢者　フクロウ　124
神社に移り棲んだフクロウ　アオバズク　130
虎斑模様のフクロウ　トラフズク　136

6章　河川の水辺に棲む鳥
白黒鹿の子模様の鳥　ヤマセミ　144
浮巣を造る鳥　カイツブリ　150
最も身近なカモ　カルガモ　156
漁業被害をもたらす黒い軍団　カワウ　162
砂礫地に営巣する　コチドリ　168

7章　冬に訪れる鳥
冬の訪れを告げる　ジョウビタキ　176
サルの顔のように赤い鳥　ベニマシコ　182
世界的に減少が懸念される鳥　カシラダカ　188
食用に捕獲された鳥　ツグミ　194
身近な冬鳥　アトリ　200

8章　高山に棲む鳥　ライチョウ
人を恐れない日本のライチョウ　208
日本のライチョウの現状と課題　214
卵を差し替える試み　220
中央アルプスライチョウ復活作戦　226

おわりに　232
主要参考文献　234

1章

耕作地に適応した鳥

餌場で争うカワラヒワ

日本人が食物栽培を本格的に開始したのは、弥生時代以降です。それ以前の日本が広く森で覆われていた時代には、耕作地は存在しませんでした。ですので、農耕地という新たに誕生した環境に棲みついたのは、元は他の環境で生活していた鳥たちでした。あるものは、森の環境から耕作地に移り棲んだもの、あるいは森の国の時代には河原などのわずかな開けた環境で細々生活していたもの、さらには元々日本には棲んでいなく、大陸からの稲作文化と共に移り棲んだものもいるかもしれません。現在広い面積を占める耕作地に移り棲み、大いに栄えている鳥は、この章で取り上げたカワラヒワ、モズ、キジバト、オナガ、さらに次の第2章で取り上げるスズメ、ムクドリなどです。これらの鳥と人との関わりを中心にこの章でふれたいと思います。

草本の種子食に適応した鳥　カワラヒワ

卒論テーマに選んだ鳥

私が鳥の研究をするきっかけとなったのは、信州大学教育学部に入学早々、戸隠探鳥会に参加し、戸隠の自然とそこに棲む野鳥に魅せられたことでした。当時、私が所属した研究室では、学生一人一人がそれぞれ別の種類の鳥を卒論研究のテーマに選び、それぞれの鳥のつがいの雌雄が巣造りから始まり、産卵、抱卵、育雛をどのように協力し子育てしているかを研究していました。２年生になった私が選んだのは、カワラヒワでした。

この鳥は、スズメとほぼ同じ大きさの鳥で、スズメ同様にごく身近な鳥です。雄は体全体が緑色（写真①）、雌は雄より白っぽく（写真②）、どちらも飛ぶと翼の黄色い模様が目立ちます。白い大きな嘴もこの鳥の特徴で、英名は Oriental Green-finch です。日本では北海道から九州にかけて繁殖していますが、沖縄では冬の時期に訪れる鳥です。

最初の年は、この鳥のつがいの雌雄がどのように繁殖行動を分担し子育てをしているかについて調査しました。翌年からは、河原で群れている冬の間に多数の個体を捕獲し、足輪をつけて個体識別ができるようにし、年間を通してこの鳥の生態を調査しました。

その結果、冬に河原で群れていたこの鳥は、春になるとその周辺にある村落に分散し、つがいごとに庭木に巣を造り、雛を育てた後、夏には農耕地で過ごし、秋から冬には河原での群れ生活に戻ることを明らかにしました。季節により生活する場所を変えていたのです。

写真①　緑色が濃い雄

写真②　雄に比べ白っぽい雌

草の実が主食

3年間にわたる調査で分かったことは、この鳥は年間を通して草の実（種子）を餌としていることでした。秋から冬の時期に草の実を餌とする鳥は、スズメを初め他にも多くの種類の鳥がいるのですが、その多くは春から夏には昆虫食に変わり、昆虫で雛を育てます。それに対し、カワラヒワは繁殖期にもハコベやタンポポなどの草の実で雛を育てていて、草本の種子食に著しく適応した鳥であることがわかりました。

3年間にわたる調査を終えた私は、卒業後もさらにこの鳥を研究したいと思い、京都大学理学部の大学院に進学しました。

全国各地を訪れて調査

京都では、東山の南端にある桃山御陵とその周辺で調査を開始しました。まず分かったことは、この鳥は長野では庭木に巣を造っていたのですが、京都では盆地を取り巻く山地の林縁部でアカマツやスギ等の高い木に巣を造っていました。つがいになる時期は、長野では春先だったのに対し、京都では前年の秋でした。さらに、体の大きさは、長野より京都の方がやや小さいことなど、いくつかの違いに気づきました。これらの違いを理解するには、もっと広く見る必要がある。そう考えた私は、以後日本各地にも調査に出かけました。

北海道の小清水原生花園では、海岸沿い砂丘で背丈1mにも満たないハマナスに営巣していました。また、繁殖の南限である鹿児島県志布志湾では、海岸沿いのクロマツ林に営巣しているなど、地域により営巣場所が異なっていたのです。その理由は、何なのか？私がたどり着いた結論は、この鳥は草の実で雛を育てることに適応した鳥なので、それらの餌が得られる場所が最重要で、その近くであったら営巣場所は背丈の低いハマナスでも、京都や鹿児島のように高い木の上でもよく、この鳥にとって営巣場所は二の次であるからだというものでした。

繁殖集団の再編成と渡りの仕組みの解明

京都のカワラヒワは、一年中同じ地域に留まる留鳥に対し、長野では冬に一部が渡りをする集団でした。ですので、京都では秋からつがいとなり翌年の繁殖に備えていたのに対し、長野では渡りから戻り全員がそろう春先につがいとなっていたのです。つがいができる仕組みは、京都も長野も同じでした。繁殖地内の目立つ高い木に集まり、そこで行われる雄同士の争いと雄から雌への求愛行動を通しつがいができることを解明しました。繁殖を終えた後、生き残った成鳥と新たに生まれた若鳥が集まり、この行動を通して翌年の繁殖集団の再編成が行われていたのです。

カワラヒワは、北はカムチャッカ半島から南は九州南端まで広い地域で繁殖していますが、体の大きさは、北の集団ほど大きく、南で繁殖する集団ほど小さいという、緯度と並行した連続変異があることを見出しました。また、冬にも各地に調査に出かけ、繁殖の南限を超えた沖縄で越冬している集団は、体の大きさから最も北で繁殖する集団で、北で繁殖する集団ほど冬には南に移動し越冬するこの鳥の渡りの仕組みをも解明しました。

カワラヒワの研究がその後の鳥の研究の原点に

この鳥の８年間にわたる研究で学位を取得し、信州大学に戻った私は、以後研究室の学生とこれまで30年以上にわたり実に様々な種類の鳥を研究してきました。カッコウ、ブッポウソウ、フクロウ、ライチョウなどです。大学院でカワラヒワを研究していた頃、研究室の同僚から中村はカワラヒワの事しか知らないとよく言われました。

しかし、今考えると、若い時にこの鳥を徹底的に研究したことが大変良かったと考えています。恩師から研究室を引き継いだ頃には、身近な鳥の研究はほぼ終わり、私の代になってからは研究が難しい鳥ばかりが残されました。ですが、カワラヒワの研究で鳥の本質を理解していたから、他の残された難しい鳥の研究もできたと考えています。カワラヒワの研究は、私の鳥類研究の原点でした。

人の作り出した里の開けた環境で栄える鳥

カワラヒワは、日本が広く森で覆われていた縄文時代以前には、河川や海岸といったわずかな開けた環境に棲み、そこで得られる草の実を餌に細々と生活していたと考えられます。それが、弥生時代以後、人が作り出した里の開けた環境に移り棲み、現在大いに栄えている鳥です。餌となる草の実が、水田や畑といった農耕地などで広く得られるようになり、生活できる環境が広がったからです。

そのカワラヒワの研究からすでに50年が経ちました。この鳥は、春になると私の家に毎年やってきて、庭木に巣を造っています。今年はバラのアーチに巣を造り、現在抱卵中です。今は研究の対象としてではなく、この鳥の研究に熱中していた頃を懐かしく思いながら、彼らの子育てをそっと見守っています。

小さな猛禽　モズ

タカの嘴をした肉食の鳥

モズ（百舌）は、体長20㎝程のスズメよりやや大きいスズメ目モズ科の鳥です。体全体が褐色で、丸い大きな頭をしています。際立った特徴は、嘴の先がタカのようにカギ状に曲がっている点です（写真①・②）。高い場所にとまり、地上の獲物を狙い、この嘴でバッタなどの昆虫、カエルなどの両生類、トカゲなどの爬虫類、さらにネズミなどの小哺乳類を捕える肉食の鳥です。ですので、別名モズタカとも呼ばれています。

モズは、日本全国の平地から低山帯に生息しています。開けた環境を好み、河川敷の他、農耕地、集落といった人里から高原の開けた環境に広く見られる身近な鳥です。冬には北海道や東北など北に生息するものは南の温かい地域に、山地のものは山麓に移動します。

鳴き真似

早い個体は3月から繁殖を開始し、遅い個体では8月まで繁殖が見られます。巣は藪の中や樹上に造られます。巣は雌雄で造り、4~6個の卵を産みます。雌のみが抱卵し、雄は抱卵中の雌に餌を運んできます。卵は14日~16日で孵化し、雛には雌雄で餌を運び、雛は2週間ほどで巣立ちます。

繁殖中のモズの特徴の一つに鳴き真似があります。ホオジロ、メジロなど他の鳥の鳴き声を真似、繁殖期には複雑にさえずります。そのために、モズは百舌と書き、百舌鳥とも呼ばれます。

写真①　モズの雄

写真②　モズの雌

なぜ、モズはさえずりの中にほか

の鳥の鳴き声を取り入れるのでしょうか。その理由はよくわかりませんが、モズの雌は多くの鳴き真似ができる雄を好むといわれていますので、雌による雄の選択基準の一つが、鳴き真似がうまいかどうかであったためと考えられます。

秋に聞かれる高鳴き

モズのもう一つの鳴き声の特徴に秋の高鳴きがあります。秋の9月頃から、モズが「キーキー」といった大声で鳴くようになります。それを古くからモズの高鳴きと呼んでいます。高鳴きは、雄だけでなく、雌もします。秋にはこの高鳴きにより、雄も雌もなわばりを確立し、秋から冬には雌雄別々のなわばりで、それぞれ単独で過ごします。

日本の多くの鳥は春に繁殖しますが、繁殖を終えた夏から秋にかけて古い羽から新しい羽に抜け替へる換羽をします。換羽中の鳥はひっそりと暮らしているのですが、渡をしない多くの留鳥では、換羽を終えた秋には翌年の繁殖に備えてさえずりなどの繁殖行動を再開します。

秋に聞かれるモズの高鳴きも、換羽を終えた後に翌年の繁殖に備えた行動の一つと考えることができます。モズは私たちにとって身近な鳥ですので、夏の間目立たなかったモズが秋になると急に大声で鳴き始めることから、特に注目されたのでしょう。モズの高鳴きは、古くから注目され、秋の季語ともなっています。万葉集の次の歌は、モズの高鳴きを詠んだものです。

秋の野の尾花が末に鳴く百舌鳥の声聞くらむか片待つ吾妹

また、与謝蕪村の次の句もモズの高鳴きを詠んだものです。

草茎を失ふ百舌鳥の高音かな

春に行われる嫁入り

モズは、なぜ秋に行われる高鳴きにより雌雄が別々のなわばりを確立し、冬を過ごすのでしょうか。その理由は、モズは肉食であるため、餌が得にくい冬の時期は、雌雄2羽が同じなわばり内で過ごすには餌の確保が難しいからなのでしょう。留鳥の多くは、私が若いころに研究したカワラヒワのように、秋に再開される繁殖活動によりつがい形成が行われます。

写真③　はやにえにされたノネズミの下半身

では、雌雄別々のなわばりで冬を過ごしたモズの雌雄は、翌年の春にどのようにつがいとなるのでしょうか。その答えは、当時大阪市立大学でモズの研究をされた山岸哲さんにより明らかにされました。春になると雌は自分のなわばりを捨て、雄のなわばりに入って行くことでつがいとなっていました。雄の棲むなわばりに嫁入りすることで、つがいとなっていたのです。

はやにえ

モズのもう一つの特徴的な習性に「はやにえ（早贄）」があります。これは、モズが捕えた獲物を木の枝や有刺鉄線などに突き刺しておく習性のことです（写真③）。

この獲物がいけにえのように見えたことから「モズのはやにえ」といわれています。はやにえは春から秋に行われ、特に多いのは秋から初冬とのことです。

モズが何のためにはやにえを行うかについては、以前にははやにえの多くは食べられずに放置されることなどから、本能的な行動とされてきましたが、最近の研究から餌の少ない冬期の保存食という考えが有力になってきました。はやにえのほとんどは消費されていること、またはやにえの消費量は餌の少ない冬期に多いことが明らかになったからです。

また、最近の大阪市立大学と北海道大学の共同研究から、はやにえの消費量の多かった雄ほど繁殖期の歌の質が高まり、つがい相手を獲得しやすくなることが明らかにされました。このことは、モズの雄のはやにえは「配偶者獲得で重要な歌の魅力を高めるための栄養源となっていることを示唆しています。

以上のことから、モズの様々な特徴は、この鳥が肉食の小さな猛禽ということと密接に関係していたのです。

身近な鳩　キジバト

都市から山地に生息

頭が小さく、ずんぐりした体形が特徴のハト類の中で、キジバトはドバトと共に日本では最も身近なハトです（写真①）。雌雄同色で（写真②）、地味な姿をしています。

体全体が灰褐色で、首の横には濃い青と黒の縞模様があります。キジバト（雉鳩）の名は、翼の部分が黒に茶色の縁が付いた鱗状の羽に覆われ、その模様がキジの雌の模様に似ていることに由来します。かつては、山地に多く生息していたことから別名「ヤマバト」とも呼ばれます。ほぼ全国に生息し、北海道のものは冬には南に移動しますが、本州、四国、九州では留鳥です。

もともとは警戒心の強い鳥でしたが、１９６０年代に都市での狩猟が禁止されたことにより次第に人に慣れ、70年代になると都市で生活するキジバトが増えてきました。今ではスズメやカラスなどの次によく見かける身近な鳥になり、現在では都市から山地までのさまざまな環境に生息しています。

写真① キジの雌に似ていることが名の由来

写真② キジバトのつがい。雌雄同色
＊①②とも茨城県那珂市在住宮本奈央子氏撮影

日本の他に、インドから東南アジア、中国、ロシア南部にかけてのユーラシア大陸東部に分布するハトです。ですので、日本を訪れた欧米の研究者やバードウォッチャーにとっては、日本で見たい鳥の一つになっています。

粗末な巣を造り繁殖

キジバトは、同じく都

市でよく見かけるドバト（カワラバト）とは異なり、群れになって行動することはほとんどなく、また集団で繁殖することもありません。ほぼ通年単独またはつがいで行動することが多く、一夫一妻のつがいで繁殖します。巣は樹上に造られますが、枯れ枝を積み重ねただけの皿状の粗末な巣です。多くの鳥の巣は、産座には鳥の羽など保温性の高い巣材を使うのですが、産座にあたるものが無く、下から卵が透けて見えます。

雄は春から夏にかけて、巣のある場所を中心に比較的狭い範囲をなわばりとして防衛します。上に向かって飛び上がり、その後滑空する誇示飛翔を行い、なわばりを主張します。また、よく知られている「デ、デ、ポッ、ポー」と聞きなされる声でさえずります。

産む卵の数は常に2個

キジバトは樹上に造った粗末な巣に、必ず2個の卵を産んで温めます。キジバトよりずっと体の小さな小鳥の多くは、通常数個の卵を産みます。また、キジバトよりずっと体の大きなキジやカモ類では、十数個の卵を産む鳥も少なくありません。ですので、キジバトの産む卵の数は、他の鳥と比較すると少ないと言えます。少なく産み、雄と雌が協力して子育てにあたることで、確実に雛を育てる戦略をとっているのでしょう。卵は、抱卵開始から15日間で孵化します。

キジバトの繁殖でもう一つの特徴は、年間に数回繁殖する点です。一回当たりに産む卵の数が少ないのを補うように、繁殖回数を増やしているのでしょうか。繁殖は、春から夏の時期が中心ですが、秋や冬の時期にも繁殖することがあります。

なぜ白い卵を産むのか

キジバトの繁殖で、私が以前から疑問に思っていることが1つあります。それは、キジバトの卵は真っ白であることです。真っ白な卵は、フクロウ、ブッポウソウ、オシドリなど樹洞で繁殖する鳥に共通した特徴です。親鳥にとって、暗い樹洞の中で白い卵は目立ちますので、都合が良いからなのでしょう。しかし、キジバトの卵はその必要はなく、白いとかえって目立ち、捕食者に発見されやすいと考えられます。ですので、樹上や地上に巣を造る多くの鳥では、目立たない色の卵を産むか、あるいは斑点や斑紋といった模様を付けて目立たなくしています。

キジバトが白い卵をなぜ産むのかについての私の考えは、この鳥は夜間には雌が抱卵し、日中は雄が抱卵することと関係があると考えています。巣を開けるのは1日に2回のみですので、巣を留守にする抱卵交代の時間は短時間なのです。ですので、他の鳥のように捕食者から卵を目立たなくする必要性がなかったためではないかと考えています。

ピジョンミルクで子育て

雛が孵化した後は、さらに15日間ほどかけて雌雄で雛を育てます。キジバトを含むハト科の鳥類の子育てで大変ユニークな点は、ピジョンミルク（そのう乳）で雛を育てる点です。「そのう」とは、食べた餌が胃に入る前にいったん蓄えられる器官です。ピジョンミルクは、そのうの内壁の細胞から分泌されるミルク状のもので、たんぱく質、ミネラル、ビタミンが多く含まれています。

雛が孵化する直前から親鳥のそのうでは、ピジョンミルクが作られはじめ、生まれた雛は、孵化後1週間程度は、ピジョンミルクだけで育ちます。その後一週間たつと、親鳥はピジョンミルクと共に種子などの餌も一緒に与えるようになります。

キジバトは、草や樹木の種子が主食で、雛も種子で育てます。同じく種子を餌とするヒワ類は、硬い嘴で種子を割って食べますが、キジバトは種子を丸呑みにします。そのため、嘴はやわらかく、抜群の消化力で補っているのです。

日本に生息する多くの鳥は、子育てには栄養価の高いたんぱく質を得るために昆虫類が多く発生する春から夏の時期に集中して繁殖しますが、ハト類はピジョンミルクを雛に与えることで、秋から冬にも繁殖することを可能にしているのでしょう。同様にそのう乳で雛を育てる鳥は、フラミンゴやペンギンの仲間の一部で知られているのみです。

また、哺乳類では雌親だけが母乳をつくり与えることができるのとは違い、ハト類では雌親だけでなく雄親もピジョンミルクをつくり、雛に与えています。

＊　＊

キジバトは、建物に集団で営巣するドバトとは異なり、糞などの害を人に与えることはありません。雌雄で一緒に子育てをする身近な鳥であるため、昔から幸運を呼ぶハトとされてきました。私の自宅のケヤキの木に巣を造ったことがあり、産卵から巣立ちまで約一か月間、２階の窓から子育ての様子を見せてくれた後、去ってゆきました。人の生活に上手くとけ込み、身近でひっそりと子育てをすることで、人とうまく共存している鳥といえるでしょう。

カッコウの新たな宿主　オナガ

尾の長いスマートな鳥

オナガ（尾長）は、体長の半分以上が尾で、体の上面が水色をした上品な姿をした鳥です（写真①）。しかし、声を聞くとがっかりするほど声は良くない鳥です。本州中部から東北にかけての東日本に留鳥として生息し、１９７０年代までは九州北部から本州に広く生息していました。それが80年代以降、西日本では見られなくなった鳥です。

昆虫、果実、種子を餌とする雑食性の鳥で、ほぼ年間を通して群れで生活しています。

私がこの鳥と関わりを持ったのは、カッコウの研究からでした。

カッコウによるオナガへの托卵開始

カワラヒワの研究の後、私が次の研究テーマとしたのがカッコウの托卵研究でした。この鳥は自分では子供を育てず、他の鳥に育てさせる托卵という習性を持つ鳥です。

1985年から長野市郊外の千曲川でカッコウの研究を開始し驚いたことは、オナガへのカッコウの托卵の急速な広まりでした（写真②）。当時、オナガの巣の半分以上がカッコウに托卵されていたのです。

写真① 清楚な姿のオナガ

写真② カッコウの雛を育てるオナガ

私が子供の頃の1950年代、カッコウは標高900m以上の高原に棲む鳥であったのに対し、オナガは平地に棲む鳥で、両者の分布は重なっていませんでした。その後、オナガは平地から高原へ、逆にカッコウは高原から平地に分布を広げたのです。その結果、両者の分布が重なり、長野県で１９７４年に最初のオナガへの托卵が見つかりました。その後、80年代の終わりにはオナガの分布域全域にカッコウの托卵が広がったのです。

これほど急速にオナガへの托卵が広まったのは、オナガが托卵に対する対抗手段を持っていなかったからです。その結果、オナガに托卵するカッコウの数が急増し、一つの巣に多数のカッコウが托卵する異常事態となったのです。

オナガへの托卵が始まって以後、各地でオナガの数が減少しました。その一例が長野市郊外の川中島です。ここでは、托卵が始まる前の１９６８年には２５９羽のオナガが生息していたのですが、托卵が本格的に始まっていた88年には77羽に減少しました。また、地域によってはカッコウの托卵が始まって以後、オナガがいなくなった地域もありました。

オナガによる反撃

最初、カッコウに一方的に托卵されていたオナガは、その後反撃に出たのです。調査を開始した当初、千曲川で托卵されたカッコウ卵の８割はオナガに受け入れられていたのですが、その割合はその後次第に減少し、10年後には３割ほどになりました。カッコウの托卵に気づき、巣を放棄する個体やカッコウ卵を巣から取り除く個体が増加したのです。

オナガへの托卵が開始されてからの年数が異なる県内の安曇野、野辺山、長野市の3地域で、オナガの卵識別能力を比較してみました。各地域のオナガの巣にカッコウ卵に似せた人工の擬卵を入れ、その卵がオナガに受け入れられるかを実験したのです。結果は、托卵歴の古い地域のオナガほど卵識別能力が高く、新しいほど低いという結果でした。また、オナガの巣の前にカッコウの剥製を置き、オナガがどの程度剥製に攻撃するかを3地域で比較しました。その結果も、托卵歴の古い地域ほど攻撃性が高く、新しい地域では低いという結果でした。

これらの事実から、托卵が始まってから10年ほどで、オナガはカッコウに対する攻撃性や卵識別能力を身に着け、カッコウの托卵に対する対抗手段を確立していたのです。

不利な線模様をなぜカッコウ卵は持っているのか?

オナガの巣に托卵されたカッコウ卵は、オナガの卵には似ていなく、大きさや卵の模様にかなりの変異がありました。托卵が始まった当初、それらの多くの卵がオナガに受け入れられていたのですが、オナガが卵識別能力を身に着けてからは、オナガ卵にない線模様を多く持つカッコウ卵ほど、オナガに排斥される傾向があることが分かりました。

ここで、大きな謎に直面しました。なぜ、カッコウ卵の多くは不利な線模様を持っているのだろうか？　その答えのヒントとなる論文がありました。石沢慈鳥が１９３０年に発表した論文です。それによると、全国のカッコウの宿主と卵模様の検討から、信州及び富士山麓では、ホオジロへの托卵が多く見られ、ホオジロ卵に似た線模様を持つカッコウ卵は、これらの地域特産であると述べています。実際、その頃に採集されたホオジロ卵によく似た線模様の多いカッコウ卵が、今も各地の博物館に残されています。

ところが、それから60年が経過した当時の長野県では、ホオジロへの托卵はごく稀で、ホオジロ卵にそっくりなカッコウ卵はほとんど見られなくなっていました。また、ホオジロは極めて高い卵識別能力を持っていることが分かりました。

これらの事実を総合すると、60年前に長野県ではホオジロにカッコウが盛んに托卵しており、ホオジロ卵に似た線模様の多いカッコウ卵が多く見られたが、その後ホオジロが高い卵識別能力を獲得した結果、ホオジロに托卵できなくなったのでしょう。おそらく、現在のカッコウ卵に見られる線模様は、かつてホオジロに托卵していた頃の名残との結論に至りました。

カッコウの新たな宿主となったオナガが卵識別能力を獲得し、自分の卵にない線模様の多いカッコウ卵を排斥する自然選択が続いたら、現在似ていないカッコウ卵が比較的短期間に線模様を失い、オナガ卵に似てくることが予想されます。このことは、カッコウ卵の模様は、自然選択を通して進化する事実を、我々は目で確認できるまたとないチャンスに恵まれたことを意味しており、世界的に注目されました。

短期間にカッコウとの攻防戦に勝利したオナガ

しかし、残念なことに、オナガへのカッコウの托卵が始まって30年ほどで、オナガへのカッコウの托卵は見られなくなりました。托卵をめぐるカッコウとの攻防戦でオナガが勝利したのです。短期間にカッコウがオナガに托卵できなくなったため、カッコウ卵が線模様を失いオナガ卵に似るという進化の事実を確認することはできませんでした。

その後、いったん減少したオナガが増加に転じ、現在では多くの地域でカッコウに托卵される前の数に回復しています。オナガの数が回復した結果、オナガによるリンゴやブドウの被害が再び深刻になってきました。カッコウとオナガの攻防戦の顛末は、私たちの暮らしにも関係していたのです。

黄色い大きな嘴の鳥　イカル

木の実や種を割る太い嘴

イカルは、体長23cm程の小鳥で、特徴は大きな黄色の嘴です（写真①）。体全体が灰色をしており、頭、顔、翼、尾が黒っぽく、翼に白斑があり（写真②）、飛んだ時に目立ちます。ずんぐりむっくりした鳥で、雌雄同色です。雄は、「キーコーキー」と聞こえる澄んだ大きな声でさえずりますが、繁殖の時期だけでなく秋から冬でもこの声を聞くことができます。

種子を食べることに適応したアトリ科の鳥の中で、日本では最も大きな嘴を持った鳥です。この大きな嘴で、ヌルデ、ハゼ、ムクノキなどの硬い実を割り、中の種子を食べますが、繁殖の時期には動物食に変わり、昆虫などで雛を育てます。

写真①
ずんぐりした体形で、
黄色い大きな嘴が特徴のイカル

写真②
翼の白い模様は、
飛んだ時に目立つ

落葉広葉樹林を好む鳥

日本では、北海道、本州、四国、九州で繁殖し、北日本の個体は冬には本州中部以南に移動しますが、それ以外の地域では留鳥です。日本の他、ロシア極東の沿岸州にも生息し、冬には中国南部に渡ります。

本州中部では標高８００ｍ～１２００ｍの山地、北海道では平地で繁殖しますが、落葉広葉樹の林を特に好みます。冬には、農耕地、川原、山地の林でよく見かけますが、市街地の公園でも群れで見かけることがある、比較的身近な鳥です。

名の由来

イカルは、漢字で鵤と書きます。嘴が角のように大きく力強いからと言われています。また、斑鳩とも書きます。聖徳太子のゆかりの地、奈良県の斑鳩の里は、冬の時期には多数のイカルがいたことに由来するとも言われています。イカルという鳥の名が地名の由来となっていたのなら、古代の人々の鳥に対する愛着とロマンを感じます。

大きな実や種を嘴で回して割ることから、別名「マメマワシ」、「マメコロガシ」、「マメワリ」とも呼ばれています。

カッコウの托卵研究で巣探し

カッコウの托卵を研究していた40歳代の初めの頃、私は長野県の戸隠高原と飯綱高原でイカルの巣探しをしたことがあります。イカルの卵は、白地に黒い線模様を持っているからです。というのは、日本でカッコウに托卵される可能性のある鳥の中で、卵に線模様を持つ鳥は、ホオジロとイカルといったごく少数の鳥に限られるからです。

30年ほど前、長野県でカッコウに托卵されていた鳥は、主にオオヨシキリ、モズ、オナガでしたが、これらの鳥の卵にはいずれも線模様は無いのです。しかし、これらの宿主の鳥に托卵しているカッコウ卵の多くには、線模様があり、線模様の多いカッコウ卵ほど宿主により卵を巣から放り出されていたのです。ではなぜ、カッコウ卵は不利な線模様を持っているのだろうか？

この疑問にヒントを与えてくれたのが、１９３０年に発表された論文です。全国各地でカッコウの托卵を調べた石沢建夫さんは、この論文の中で信州と富士山麓ではホオジロへの托卵が多く見られ、ホオジロ卵に似た線模様を持つカッコウ卵は、この地域特産としています。

しかし、それから１００年近くが経過した現在の長野県では、ホオジロへの托卵はほとんど見られません。ホオジロの巣の中にカッコウ卵に似せて造った擬卵を入れてみると、すぐに巣から放り出されました。

そのことから、１００年ほど前の信州ではホオジロの卵に似た線模様を持つカッコウが多く生息していたが、その後ホオジロは自分の卵とカッコウ卵を区別してカッコウ卵を巣から排斥するようになり、カッコウはホオジロには托卵できなくなったと考えられます。つまり、カッコウ卵に見られる線模様は、かつてホオジロに托卵していたころの名残という結論に至りました。

では、ホオジロと同様に線模様を持つイカルは、カッコウ卵と自分の卵を区別する卵識別能力をどの程度持っているのだろうか？　その疑問に答えるため、イカルの巣を探す必要があったのです。

イカルも托卵された経歴があるのか？

発見した10ほどのイカルの巣の中に、カッコウ卵に似せた擬卵を入れる実験をしたところ、ほとんどの擬卵は巣から放り出されたのです。イカルは、ホオジロと同様に卵識別能力が高いことが分かりました。このことから、イカルはホオジロと同様に、かつてはカッコウに托卵された経歴を持っており、その頃に確立した卵識別能力を、今も持っている可能性が高いという結論になりました。

ゆるく集まって繁殖

イカルの巣探しをして解かったことがあります。それは、イカルは繁殖期であっても集まって繁殖する傾向があるということです。湿原の周りなどで巣を発見すると、そこから10mほど離れた場所に数個の別の巣を発見することができました。比較的一様な環境であっても、特定の場所に集まって営巣する傾向を持っていたのです。

多くの鳥は、繁殖期には広いなわばりを持ち、その中で繁殖します。その反対の極にあるのが、カモメ等の海鳥でよく見られる一ヵ所に集まって繁殖し、なわばりとして防衛するのは巣の周りのごく狭い範囲に限られるという繁殖の仕方です。前者をなわばり繁殖、後者をコロニー繁殖といいます。

この両極端の中間にあたるものを、ルース・コロニー繁殖と呼んでいます。イカルの場合は、このタイプの繁殖形態だったのです。

＊　　＊

現在私の住んでいる長野県の飯綱山の山麓では、年間を通してイカルを見ることができます。「キーコーキー」と鳴く声を聞くと、若いころ鳴き声がする場所をいくら探しても巣が見つからず、巣の発見には苦労したことを、今では懐かしく思い出します。

2章

家屋に営巣し栄える鳥

巣に座るイワツバメの雌雄

この章で扱う鳥は、縄文時代以後に日本人が家屋などの人工構造物を作るようになってから、それまでの自然の中での営巣場所から人工構造物に営巣するようになった鳥たちです。これらの鳥は、第1章の耕作地に代表される里山の開けた環境に移り棲んだ鳥でもあります。弥生時代に入り、最初に竪穴式住居などの家屋に営巣するようになったのは、スズメが最初と考えられます。その次はツバメで、木造の家屋に変わって以後のことと考えられます。さらに、ムクドリが自然の樹洞から人工構造物の穴に営巣するようになったのは、そのずっと後のことと考えられます。最近の50年間に、最も新しく人工構造物に営巣するようになったのは、山地の崖などからビルなど人工構造物に営巣するようになったイワツバメです。これらの鳥は、人と共に人工の構造物に営巣することで、それまでの自然の営巣場所より安全で快適に子育てができることを学んだ結果と考えられます。

人と密着して栄える　スズメ

最も身近な鳥

スズメは、私たちの暮らしの中で最も身近な鳥です。家から外に出ると、屋根の上、電柱や電線など私たちの住んでいる周りで最もよく見かける鳥です。ですので、日本ではスズメを知らない人はいないと言えるほど身近な鳥です。しかし、それほど身近であるにもかかわらず、スズメは私たちの周りで何を食べてどんな生活をしているのかについては、あまり知られていないように思います。

体長14㎝ほど、体重20gほどの茶色の地味な姿をした小鳥で、雌雄同色のため外見からは雌雄の区別ができません（写真①）。ヨーロッパから東の端の日本、東南アジアといったユーラシア大陸に広く見られる鳥です。日本では、小笠原諸島を除く全国でほぼ年間を通して見ることのできる留鳥です。繁殖の時期には、ビルや家屋の隙間、電柱のポールな

写真①　スズメの特徴は、頬にある黒い班

写真②　餌台に群がるスズメ

どの穴に巣を造り、つがいの雌雄が協力して子育てをしますが、繁殖を終えた夏から秋、冬には農耕地などの開けた環境で群れて生活します（写真②）。春から夏には昆虫が主食ですが、秋から冬には草の種子が主食にと変化し、春には桜の花の蜜も食べる雑食性の鳥です。

スズメは長い間人と一緒に暮らしてきまし

たので、おとぎ話の「舌切り雀」や童謡の「雀の学校」の題材ともなり、「雀の涙」などのことわざ、「ふくら雀」といった呼び名でも親しまれてきました。

開けた環境で栄える

人とスズメは、いつからこれほど親密な関係になったのでしょうか。私は、稲作が始まった弥生時代からと考えています。日本は四季を通して雨が多いので、縄文時代以前の日本は広く森で覆われていました。その時代には、スズメは河原などの限られた開けた環境で細々と生活していたと考えられます。

大陸から入ってきた稲作文化により、湿地は開墾され、平地の森も伐採されて水田となり、今日の里の開けた環境がつくりだされました。人々の生活は、それまでの狩猟採集の生活から里地に定住し、集落をつくって暮らす生活にと変わりました。里に開けた環境ができたことで、スズメの生活できる空間はいっきょに広がったと考えられます。水田の米が餌として提供されただけでなく、耕作で餌となる雑草の種子も豊富に得られるようになりました。

餌だけではありません。弥生時代の集落につくられた茅葺の竪穴式住居は、スズメに営巣場所も提供することになりました。それ以来、人の家屋がスズメの営巣場所となり、今日に至るまで長い間、スズメは人と一緒に暮らしてきました。

人とスズメの戦いの歴史

里に開けた環境がつくりだされて以来、人とスズメとは仲良く共存してきたのではありません。水田の米を食べるスズメは、稲作を開始した当初から害鳥でした。稲作の歴史は、スズメとの戦いの歴史とも言えるでしょう。案山子（かかし）は、古くからのスズメを追い払う対策の一つでした。その他にも様々な対策がとられてきたことは、今日各地に残る田畑を鳥の被害から守ることを祈念し、子どもたちが手に手に鳥追い棒や杓子（しゃくし）を持って打ち鳴らす「鳥追い」行事、その時に歌われる鳥追い歌、さらには鳥追い小屋に関する古い文献からもうかがい知ることができます。

その戦いは、今日までなお続いています。案山子に代わって登場した「目玉風船」、最近の「防鳥ネット」、「爆音」など、時代と共に様々な対策がとられてきました。でも、この戦いに終わりはありません。案山子にとまって遊ぶスズメが端的に示すように、最初は警戒しても安全であることを鳥はすぐに学習してしまうからです。スズメには生活が懸かっていますので、単なる脅しでは効果が持続しません。これからも、あの手この手の戦いは続くことでしょう。

人に気を許さないスズメ

スズメは人に依存し人の周りで生活する身近な鳥ですが、人には決して気を許さない点もこの鳥の特徴です。人が近づくとさっと逃げ、人を近づけようとしません。スズメの人に対するこの警戒心は、稲作が始まって以来の人との長い戦いから身についた習性と私は考えています。

私が子供の頃には、空気銃でスズメなどの野鳥を捕って食べていました。また、スズメを罠で沢山捕らえ、焼き鳥として普通に食べられていました。それが、現在では野鳥保護の観点からスズメが捕獲されることはほとんどなくなり、スズメの焼き鳥は今ではほとんど食べる機会がなくなりました。

変わる人とスズメの関係

現在では人がスズメを捕らえることはほとんどなくなったのですが、最近スズメの数が減ってきていると言われています。その原因は、家屋が近代化しスズメが巣を造る場所が減ってしまったこと、都市部や町中では空き地がなくなり、スズメの餌となる草の種子や雛を育てる昆虫が得にくくなったことがあげられています。

もう一つ、スズメに大きな変化が最近起きています。東京や大阪などの大都市で、人の手から米やパンくずをもらう「手乗りスズメ」の出現です。公園などで、スズメに餌を与える人が最近増えたからです。

パリやロンドンなど外国の都市には、スズメとは別種のイエスズメが生息しています。イエスズメが人から餌をもらうことは、外国では以前から普通のことでした。牧畜文化を基本にする外国では、人とイエスズメとが対立する関係になかったからなのでしょう。

それに対し、稲作文化を基本にする日本では、人とスズメとは長い間対立関係にあり人に気を許さなかった日本のスズメにとっては、これは大きな変化です。この変化が続けば、以前のように人に気を許さない田舎のスズメと人を恐れない都会のスズメといった習性の違いが見られるようになるかもしれません。

家屋に移り棲んだ益鳥　ツバメ

飛んでいる虫を空中で捕える

ツバメは、北半球に広く分布し、ほぼ日本中で見ることができる鳥です。多くの地域では夏鳥として渡来し、冬には台湾、フィリピン、ボルネオ島などで越冬する渡り鳥です。飛んでいる小さな虫を空中で捕えることに適応した鳥で、日本には3月初めから4月下旬に渡って来ますが、その渡来状況はツバメ前線マップとして知られています。

日本には、ツバメの他に、イワツバメ、コシアカツバメ、ショウドウツバメ、リュウキュウツバメが生息しています。これら5種類のツバメ科の鳥は、いずれも飛んでいる虫を空中で捕えることに適応した鳥ですが、この中でほぼ日本中で見ることができるのがツバメとイワツバメです。

両者は、体の大きさがほぼ同じで、姿もよく似ていますが、ツバメの方は尾羽根が長く、喉と額が赤褐色に対し、イワツバメはやや尾が短く、腰の部分が白いのが特徴です。

家屋などの建物に営巣

ツバメは、人家の軒先などの人工構造物に営巣し（写真①）、市街地でも繁殖する日本では最も身近な鳥です。本州中部では標高１２００m以下の地域で繁殖していますが、北海道ではさらに低い地域で繁殖し、北へ行くほど生息数は少なくなります。それに対し、イワツバメ（写真②）は、標高５００mから３０００mの高山帯に生息し、ツバメに比べより標高の高い地域で繁殖しています。

イワツバメは、名前の通りかつては山地から高山の岩場に営巣していたのですが、明治以降平地にビルなどの高い建物ができてからは、山から平地にも進出し、現在ではビル、橋などの人工構造物に集団で巣を造り繁殖しています。イワツバメの平地への侵入により、もともといたツバメの数は一時減少したとのことですが、現在では多くの地域で両種が共に繁殖し、共存しています。

ツバメとイワツバメは、どちらも泥と枯草を唾液で固めた泥の塊を積み上げて巣を造りますが、両者の巣の形は異なっています。ツバメは壁面におわん型に巣を造りますが（写真①）、イワツバメは横に巣穴の出入り口がある巣を造ります（写真②）。より標高の高い地域で繁殖するイワツバメは、ツバメのようにオープン巣よりも、この巣口が小さい巣の方が保温効果があるからなのでしょう。

稲作と共に栄える

ツバメは、日本では稲作の発展と共に栄えてきた鳥と考えられます。弥生時代以降、水田耕作のために平地の林は伐採され、湿地が開墾され、今日の里の開けた環境がつくりだされました。人々は集落を作って定住する生活になりました。初期の頃は草ぶきの家屋であったのですが、そのうちに木造の家屋が造られるようになりました。その木造の家屋に巣を造り、繁殖するようになったのがツバメです。

ツバメは、稲作の害虫を食べる益鳥として日本では古くから大切に扱われてきました。稲作の発展により、ツバメに繁殖場所を提供しただけでなく、水田という餌となる虫が多量に得られる環境をもツバメに提供することになりました。

稲作の発展と共に栄えてきた鳥には、ツバメとともにスズメがいます。スズメも同様に家屋に営巣するようになった鳥ですが、ツバメと異なりスズメは稲を食害する害鳥です。

写真① 巣の中で親の給餌を待つ巣立ち直前のツバメの雛
＊茨城県那珂市在住宮本奈央子氏撮影

写真② 完成した巣にとまるイワツバメのつがい

ですので、人とスズメとは対立する関係にあり、それが今日まで継続してきましたが、ツバメの場合には益鳥としてこれまで大切にされてきました。

繁殖を終えた夏の終わりには集団で塒

ツバメの顕著な習性として、繁殖を終えた後に地域一帯のツバメが夜にはヨシ原に集まって、集団で塒をとる習性があります。古くから日本各地の河川や湖沼の周りにあったヨシ原は、繁殖を終えたツバメに夜を安全に過ごす場所を提供してきました。現在でも8月の最盛期には、数千から数万羽のツバメが集まって夜を過ごす集団塒が各地にあります。

しかし、最近では開発により多くのヨシ原が失われており、そのことがツバメの生息数に影響していることが懸念されます。かつては、ヨシは葦簀（よしず）などに使われ、人の生活に密接な存在でしたが、最近はほとんど使われなくなり、長い間行われてきた春先のヨシ原の火入れは、今はほとんど行われなくなりました。ツバメは益鳥であるという認識は、最近では薄れてしまっているように思えます。

益鳥とされ人に依存し、したたかに生きる

弥生時代以後から家屋に棲み着いたと考えられるツバメは、その後の家屋の構造や形態の変化に合わせながら営巣する場所を変えつつ、人の生活へ大きく依存することで、今日まで栄えてきた鳥です。近年の大きな変化は、アルミサッシの窓や戸の普及により、ツバメにとって天敵から安全な屋内での営巣が難しくなってきたことです。

以前には、農家の土間といった屋内での営巣も多く見られ、土間の入り口の戸には、ツバメが出入りできる穴が用意されていました。それが、最近ではアルミサッシの普及で、ツバメの屋内での繁殖はほとんど見られなくなっています。また、牛や馬が飼育されていたところには、開放的な構造のこれらの飼育舎がツバメの営巣場所として好まれていました。

さらに、最近の顕著な変化は、コンビニエンスストアなどにツバメが営巣することが目立って多くなったことです。夜を通して明るく、たえず人の出入りがあるので、カラスなどの天敵から安全で、かつ夜間も明るいので、餌となる虫が集まるからなのでしょう。古くから益鳥として大切にされたツバメは、人の生活に依存することで、これからも人の生活の変化に上手く適応し、したたかに生きてゆくことでしょう。

繁華街に塒（ねぐら）をとる　ムクドリ

農耕地に適応した鳥

ムクドリ（写真①）は、4月から5月に木の洞や建物の隙間に巣を造って繁殖しますが、雛が巣立つ6月頃から群れになり、夏、秋、冬を通し群れで生活する鳥です。春から夏には、昆虫やミミズ等の動物が餌ですが、秋から冬にはリンゴ、カキ等の果実が主な餌になります。日中は農耕地などに群れていますが、夜には集団で塒を取る習性があります。

夏には各地の林に分散し小群で塒をとりますが、秋から冬には次第に大群となり、冬には数万羽の大群で塒をとることもあります。今から50年ほど前までは、ムクドリは郊外の竹藪や山地の林に塒をとっていました。ところが、最近では市街地の繁華街に大群で塒をとるようになりました（写真②）。

写真① 農耕地に進出した代表格の鳥、ムクドリ

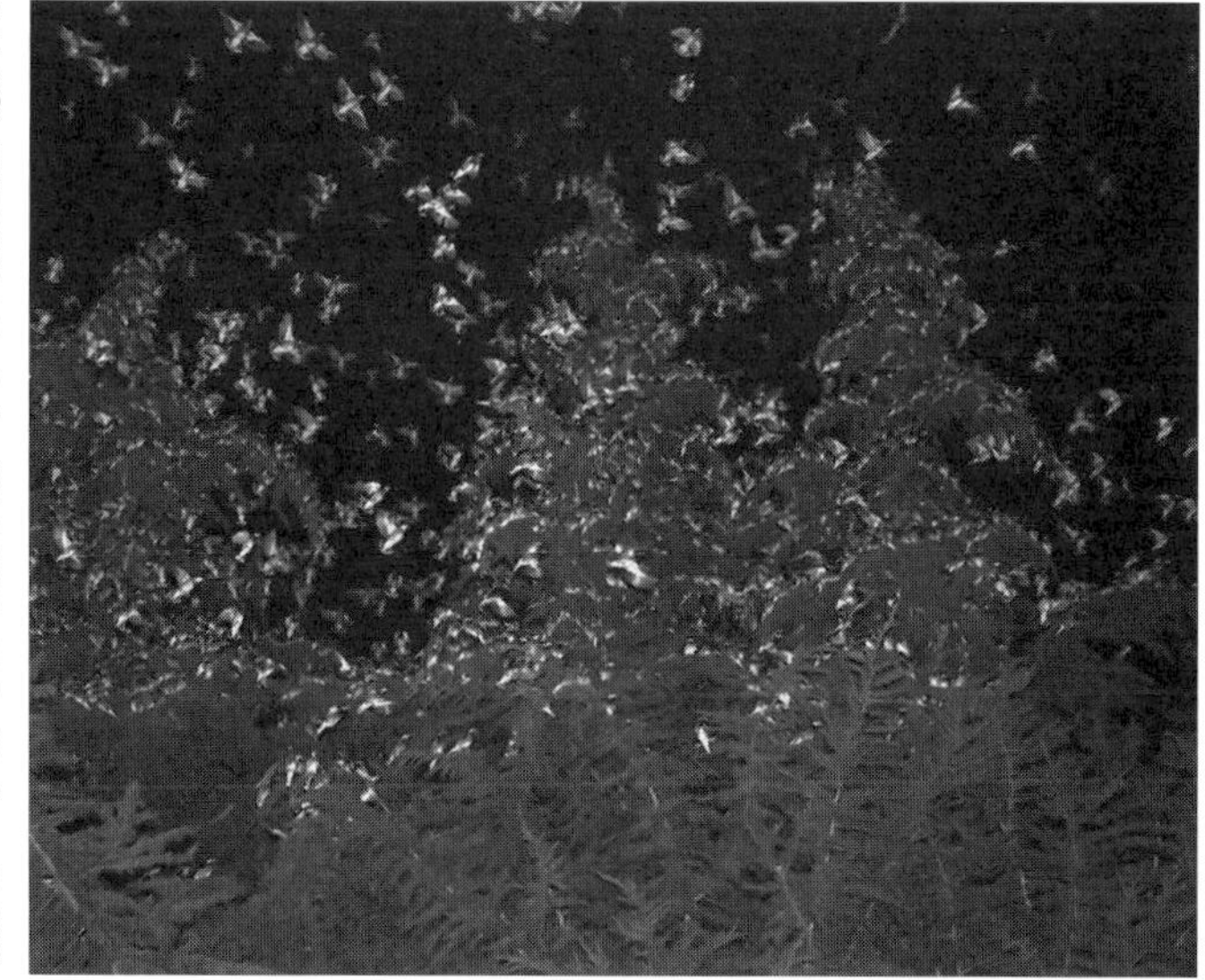

写真② 市街地のヒマラヤスギに塒をとるムクドリの大群

なぜ市街地に塒場所を変えたのか

その理由は、ムクドリにとって人は以前のように怖い存在でなくなったからです。今から60年ほど前の私が子供の頃には、空気銃などでムクドリやスズメ等の野鳥を捕って食べていました。その頃は、野鳥にとって人は怖い存在でした。しかし、その後、野鳥を捕獲することが禁じられ、人が野鳥に危害を加えることがなくなりました。

その結果、野鳥は数十年かけて郊外に塒をとるよりも、一晩中明るく、夜も人や車が絶えない市街地の方が、フクロウなどの夜の天敵から安全で、かつ快適に夜を過ごせることを学んだからです。人がいる場所の方が夜に安全であることを学んだのは、ムクドリだけではありません。スズメやカラスなどの野鳥も同様で、多くの野鳥が人の生活圏に進出し、市街地に塒をとるようになりました。

市街地に進出し、人の生活を脅かす野鳥

現在、日本の多くの都市には、ムクドリのほかスズメ、カラス、ドバト等の野鳥が進出して問題となり、担当する行政関係者を悩ませています。夕暮れと共に、数千から数万羽

のムクドリが市街地に集まってきて、空を黒くして旋回する姿は不気味であるばかりでなく、街中で一晩にする糞の量は多量です。通行人の体や衣服、車を糞で汚すだけでなく、歩道一面に残された糞とその悪臭は、街の景観を台無しにします。さらにその上、ムクドリの場合には夜も大声で鳴くので騒音がひどく、精神的に問題をきたす人もいるほどです。

私の住んでいる近くの長野市街地では、２０００年代の初めからこの問題が深刻になりました。長野市の繁華街にある道路のケヤキ並木やその隣の小学校のヒマラヤスギにムクドリが大群で塒をとるようになったからです。バス停は糞で汚され、近くの小学校の校庭は積もった糞で子供たちが遊べなくなりました。市民からの苦情に、市役所の職員はあの手この手の対策を十数年間とってきたのですが、一向に解決しません。市は多額の予算を使い校庭脇の十数本のヒマラヤスギの道路側の枝と上半分を切ったのですが、それでも数万羽のムクドリの大群は塒場所を変えようとしませんでした。

繁華街からのムクドリ撃退作戦

万策尽き、打つ手がなくなったこの段階で、信州大学で鳥の研究をしていた私に、相談がありました。現地を視察し、事の深刻さを知った私は、記者会見を開き、事前にムクドリ撃退作戦をマスコミに公開しました。その後3日間かけ、ヒマラヤスギの塒からムクドリの大群撃退に成功し、ムクドリは市街地からいなくなり、郊外に塒場所を移したのです。

私のとった作戦は、ムクドリが最も怖がるものを使い、市街地は安全な塒場所ではないことを教えたのです。彼らが恐れるのは、日中はオオタカなどのタカ類、夜間は夜行性のフクロウといった猛禽類です。大学の研究室にあったクマタカ、オオタカ、ハヤブサ、さらにフウロウの剥製をヒマラヤスギの目立つ場所に設置しました。夕方集まってきたムクドリの群れは、塒場所の安全を確かめるため、大群で上空を旋回する習性があります。群れが旋回を始めた絶妙なタイミングを計り、私の合図で校庭の拡声器からこれら猛禽の声を一声流したのです。ムクドリはこの声で猛禽の存在を知り、下を見ると猛禽がいることに気付くことになりました。

この作戦は、予想以上の効果があり、旋回は大きく乱れ、この段階で塒をとるのを諦めさせる効果が十分ありました。翌日集まったムクドリの数は十分の一に減り、さらにその翌日にはその十分の一になり、塒を郊外に移したのです。

共存のための棲み分け

野生動物と人との関係はどうあるべきか、改めて考えてみる必要があります。今回の問題が示すように、市街地に人と野生動物が一緒に住むことはできません。以前のようにムクドリは郊外の森に戻り、人とは棲み分ける関係を取り戻すことが必要です。それには、人と野生動物とは、一定の緊張関係を取り戻すことが不可欠です。野生動物はペットとは異なります。行き過ぎた動物愛護は、自然のバランスを崩し、様々な問題を引き起こすからです。

3章

里山環境に適応した猛禽

巣で卵を温めるトビ

里の開けた環境に鳥が移り棲み、さらに昆虫や哺乳類といった他の動物も移り棲むことで、それらを餌にする猛禽類も移り棲むようになったと考えられます。この章で扱うのは、ノスリ、トビ、チョウゲンボウ、ハヤブサといった里や里山に棲む猛禽類です。これらの猛禽類については、巣に小型カメラを設置し、巣にいる雛に運んでくる餌内容を調査したことがあります。その結果わかったことは、ハヤブサは鳥、ノスリはネズミやモグラ、チョウゲンボウは小鳥やネズミ、トビは魚類といったように、互に餌とする動物が違っていることでした。長い時間をかけて、お互いに食べるものが違うことで、共存できる関係が出来上がって来たのだと思います。そんな視点から人里環境に棲む猛禽を理解いただけたらと思います。いずれも個性豊かで、人の創り出した環境に上手く適応し、したたかに生きる猛禽です。

里山の豊かさの指標　サシバ

夏に訪れる猛禽

サシバ（刺羽）という鳥をご存じでしょうか。カラスほどの大きさで、体全体が黒褐色をした猛禽です（写真①）。北海道を除く、本州、四国、九州の人里環境に生息する代表的な猛禽ですが、冬には東南アジアやニューギニアに渡って過ごす渡り鳥です。朝鮮半島、中国北部にも生息し、日本には3月末から4月初めに渡ってきます。この鳥は「ピックイー」という独特の大声で鳴きますので、その声で今年も渡って来たことを知ることができ、また生息を確認できます。

里山に棲む身近な猛禽

サシバが繁殖する環境は、林に隣接して農耕地が広がる里山の環境です。山からの水が

写真①　枯れ木から獲物を狙うサシバ

沢筋に沿って流れ下り、平たん地に出てからはその両側に水田の開けた環境が細長く続き、さらにその周りをスギやカラマツの植林地、コナラ等の落葉樹の林が取り囲んだ谷津田と呼ばれる環境が、サシバの典型的な繁殖環境です。

今から20年ほど前になりますが、信州大学の私の研究室の学生たち、それに長野県内で猛禽を研究している人たちと一緒にサシバのほか、ノスリ、ハチクマ、ツミ、チョウゲンボウ、トビといった里山の猛禽類の生態について、集中的に調査したことがあります。

多様な小動物を餌に

調査してまず分かったことは、サシバのつがいが行動している範囲は、意外と狭いことでした。つがいの雌雄が生活している主な範囲は直径600mほどで、遠出をした時を含めても1㎞の範囲内にほぼ収まっていました。

新緑の5月になると、農耕地に接した林のスギやカラマツ、アカマツ等に巣造りを開始し、3個から5個の卵を産み、温めます。巣の大きさは、ハシボソガラスの巣とほぼ同じで、比較的小さなものでした。卵を温めるのは雌で、雄は1時間に1回ほど巣にいる雌に餌を運び、与えていました。

サシバの巣のいくつかに小型ビデオカメラを設置し、卵を抱く様子や孵化した雛の子育ての様子を録画しました。それにより、巣にいる雛に運ばれてきた餌の内容は、実に多様であることが分かりました。最も多かったのは、両生類のアマガエルなどのカエル類、次にトカゲ類やヘビ類といった爬虫類、さらにクワガタ類やバッタ類、セミ類といった昆虫類が多く、ハタネズミなどの小型哺乳類、時にはスズメの雛といった鳥類も少数ですが運ばれてきました。巣に運ばれてきたヘビ類には、マムシも含まれていました。噛まれずにどう捕えているのだろうか?　サシバの餌の捕り方は、開けた環境に接した林の縁にある高い木の梢や枯れ木にとまり、地上で動く獲物を見つけ、飛びついて捕えるという方法が一般的でした（写真②）。雛がまだ小さく白い産毛に覆われている時期には、雌が巣にと

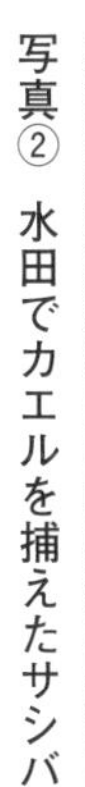
写真②　水田でカエルを捕えたサシバ

どまり、雄が巣に運んできた餌をちぎって与えていましたが、雛が成長し黒い羽毛で覆われる頃になると、雌雄交代で餌を巣に運んできて、そのまま雛に与えて飛び去りました。

サシバの雛数は他の猛禽に比べ多いので、雛が成長した段階では親の運んできた餌の取り合いと奪い合いが狭い巣の上で激しく展開されました。ヘビの場合には、雛同志が両端を引っ張り、奪い合うこともよく見られました。

里山の水田環境で栄える

長野県の里山では、雪解けが始まる4月頃から冬眠から覚めたヤマアカガエル、シュレーゲルアオガエル、トウキョウダルマガエル等のカエル類が水辺に集まって産卵を始めます。水田に水が張られ、代掻きが行われる5月初め頃には、昼も夜もこれらのカエルの合唱がうるさいほどに聞かれる時期を迎えます。この頃にサシバが捕えていた餌の多くは、水田のカエル類でした。

稲作が本格的に始まった弥生時代以後、日本の水田環境に適応した動物の代表がこれらのカエル類、さらにはフナ、ナマズ、ドジョウなどの魚類、ゲンジボタルなどのホタル類などです。これらの森の環境から抜け出し、開けた環境に適応した様々な小型の動物を餌とし、里山環境の生態系の頂点に立ち、今日まで栄えてきた猛禽がサシバなのです。ですので、サシバは、日本の里山環境の豊かさの指標といえる鳥なのです。

子育てが終わった7月になると、巣立った雛と共にサシバは里山の水田環境から姿が見られなくなります。おそらく、8月の夏にはより標高の高い山地に移動し、昆虫を主な餌とした生活をしているのではないかと考えています。

集団で渡る

8月末から9月の初めには、南への移動が始まります。サシバの秋の渡りは、時には大集団となって移動する点が特徴です。長野県内で特に顕著な渡りの集団が見られる場所が乗鞍岳の近くにある白樺峠です。東北や北陸で繁殖したサシバが北アルプス沿いに南下し、集合する場所で、同じく南に渡るハチクマ等の猛禽とともにそこからさらに南西方向に移動してゆきます。

サシバの渡り集合地として日本で特に有名な場所が愛知県の伊良湖岬や鹿児島県の佐多岬で、天気の良い日には1日に数千羽のサシバが海を越えて渡るのを見ることができます。

里山環境の衰退と共に減少

日本の里山環境に適応したサシバも最近は全国的に生息地が縮小傾向にあり、環境省のレッドリストでは絶滅危惧種のⅡ類（ＶＵ）に指定されています。私が住んでいる長野県北部に位置する飯綱町では、20年ほど前に調査した時には10つがいほどが繁殖していたのですが、そのうち今年も繁殖がみられたのは1つがいのみでした。

サシバの分布の縮小や繁殖数の減少には、最近の里山環境の衰退が密接に関係しているといわれています。日本の豊かな里山環境は、たえず人間が手を加えることで豊かな環境が維持されてきました。それが、過疎化の進行で人の手が十分に入らなくなった結果、自然の豊かさが失われてきているのです。

人の生活に密着し、したたかに生きる鷹　トビ

最も身近な鷹

トビは「とんび」とも言われて親しまれており、日本では最も身近な鷹といってよいでしょう。体重は1kgほど、翼を広げると150～160cmにもなる大型の鷹です（写真①）。最近では都市部にも進出し、ほぼ全国に周年生息しています。ほとんど羽ばたかずに尾羽で巧みに舵をとり、上昇気流を利用して輪を描いて飛び、「ピーヒョロロー」と独特な声で鳴きます。「飛べ飛べとんび、空高く」ではじまる文部省唱歌の『とんび』や「とんびがくるりと輪を描いた」と歌われる三橋美智也の『夕焼けとんび』は、年配の方には懐かしい思い出の歌です。

写真① 翼を広げて旋回するトビ

優れた視覚

トビが輪を描いて上空を飛んでいるのは、地上にいる餌を探しているのです。このトビがいかに優れた視力を持っているかに驚かされた子供の頃の体験があります。家で飼っていたウサギが子供を産み、その直後にそのうちの1頭が死にました。まだ、目も開かず、毛も生えていない赤子で、庭先の畑に捨てられました。その捨てられた子供が、舞い降りてきた大きな鳥によって目の前でさっと持ち去られたのです。一緒に目撃した母親が、「とんび」と叫びました。ウサギの赤子は数センチの大きさです。それを上空から見つけたのです。この鳥がいかに目が良いかを母親がしきりに感心していたのを今でも覚えています。

自然界の掃除屋

トビは猛禽類の鷹ですが、他の鷹とはいくつかの点で異なっています。多くの鷹は生きた獲物を捕らえて食べるのですが、トビは動物の死体を好んで食べます。道路で車の事故にあったタヌキやネコを目ざとく見つけ、最初に集まってくるのはハシブトガラスなどのカラスですが、トビも集まって来て、死体を持ち去ります。

大学を退職した現在では、ライチョウの調査と保護のために高山で過ごすことが多いのですが、人の生活圏だけでなく高山にもトビが集まることを最近になって知りました。4月末から5月の初めは、冬を温かい南国で過ごし日本に戻ってくる夏鳥、逆に冬を日本で過ごし北に帰る冬鳥の渡りの最盛期です。

これらの小鳥の多くは、夜に渡りをするので、アルプスを超える時に吹雪に会い、死亡することが時々起こります。新雪の上には、キビタキ、オオルリ、マヒワなどの死体が多数見つかります。それらの死体を目当てに、この時期に限り多くのトビが下界から高山に上がってきていたのです。

トビは、カラスと共に死体を食べる自然界の掃除屋という重要な役割をしている鳥ですが、死肉ばかりを食べているわけではありません。20年ほど前に里山に棲む猛禽について調査をしたことがありますが、その調査の一環でトビについても調査しました。北アルプスの麓の高瀬川と梓川の合流する穂高地区では、平地にトビが多数繁殖しています。

そのうちの1巣にセンサーカメラを設置し、親が巣にいる雛にどんな餌を持ってくるかを調査したことがあります。その結果は、驚いたことに餌の8割はニジマスでした。この一帯は、北アルプスからの伏流水が湧き出すため、多くの養魚場があります。トビはその養魚場から生きたニジマスを捕え、雛に与えていたのです。この鳥は、捕えることができたら生きた餌も食べていること、この地域で多くが繁殖している理由も分かりました。

集団で塒(ねぐら)をとる

トビは、日中には河原など餌が多い場所に集まるほか、夜にも集まって集団で塒をとる習性があります。特に餌が得にくい冬には、ほとんどの個体が集団で塒をとります。そのため、トビの塒を発見しそこに集まってくる羽数を調べることで、ある地域に生息する数を正確に明らかにすることが可能です。１９７９年の年末から１９８０年の冬に、信州大学教育学部の生態研究室で鳥の研究をした卒業生が中心となり、長野県全体を対象にトビの塒の分布とそれぞれの塒に集まる羽数を調査したことがあります。私がまだ30歳代の初めの頃です。

その結果、長野県内には計19のトビの集団塒があることが分かりました。塒のほとんどは、盆地に接した山地のアカマツ林にあり、最も大きな塒では689羽が集まっていました。各塒に集まった数を合計すると当時長野県全体には3152羽のトビが生息することが分かりました。最も多かったのが松本盆地で、県内に生息する約半数をしめ、以下伊那、佐久、長野、諏訪、上田盆地の順でした。

カラスと競合し、いがみ合う

カラスとトビは、共に人の生活と密接な里と里山といったよく似た環境に棲み、そこでよく似たものを食べて生活しています。そのため、両者は棲む場所や餌をめぐってたえず争っています。体の小さいカラスの方は、体の大きいトビに対して群れで対抗し、飛ぶことが苦手なトビの方が負けることもしばしばです。

「鳶(とんび)が鷹を産む」という諺があります。この諺が端的に示すように、トビは鷹とはみなされず、鷹の中では最も低く見られてきました。その理由は、死んだ動物も食べ、群れで生活するからなのでしょう。生きた獲物を捕らえ、群れずに孤高に生きる猛禽のイメージか

写真② 新緑の千曲川で子育てするトビ

らほど遠い生活をトビはしています。

人の生活に密着し、したたかに生きる

長野市郊外の千曲川にトビが毎年繁殖している場所があり、２０２１年も同じ巣で繁殖を始めました。ここは、若い頃カッコウの研究を長年した場所です。以前のように研究目的ではなく、トビの子育てを見たいという興味から、隣の木にセンサーカメラを設置し、その様子を長期間にわたり撮影してみました。

ライチョウの調査と保護活動が一段落した夏にカメラを回収し、撮影された映像を見ました。他の猛禽と同様に雌雄が協力し子育てをしており、その精悍な姿は鷹そのものでした（写真②）。人の生活圏に適応することで栄え、したたかに生きる鷹という新たなトビのイメージを再確認することができました。

都市部に進出した小型の猛禽　チョウゲンボウ

かつては数の少ない希少な鳥

チョウゲンボウ（長元坊）と呼ばれるハトほどの大きさの小型の猛禽をご存じでしょうか（写真①）。ユーラシア大陸とアフリカ大陸の各地に分布し、日本では本州中部から北部で繁殖し、冬期には寒冷地のものは南に渡るので、日本各地で見られる猛禽です。ハヤブサ科の鳥ですが、ハヤブサがカラスほどの大きさに対し、ずっと小型です。雄より雌の方がやや大きく、雄の頭と尾は青灰色に対し、雌の方は褐色気味な点、また雄の背中は赤色がかった褐色なので雌雄の区別ができます（写真②）。

農耕地、川原などの開けた環境で餌を捕り、崖の窪みや大木の樹洞、さらに最近では橋や鉄橋の穴、ビル等の建物の屋上にも営巣するようになった猛禽です。電柱の上などから地上のネズミ類、スズメなどの小鳥類、バッタなどの昆虫類を狙って捕える他、ひらひらとゆっくり飛びながら時々ホバリング（停空飛翔）と呼ばれる空中に停止した状態からこれらの獲物を狙って捕えます。最近では比較的身近な猛禽なのですが、以前には数の少ない希少な鳥でした。

写真①　枯れ木の先にとまるチョウゲンボウの雌

写真②　雄（右）が捕えてきた餌を雌が受け取る

集団で繁殖する猛禽

1953（昭和28）年に長野県中野市にある十三崖のチョウゲンボウ集団繁殖地が国の史跡名称天然記念物に指定されました。十三崖は、高社山のすそ野を夜間瀬川（よませがわ）が侵食してできた東西約1500m、最も高いところでは高さ30ｍ以上ある垂直の崖です。この崖にある穴に指定当時は20つがいほどのチョウゲンボウが繁殖していました。

猛禽類は一般につがいごとに広い行動圏を持ち、その範囲全体をなわばりとして防衛しています。それに対し、十三崖のチョウゲンボウは、巣穴の周りの狭い範囲をなわばりとして防衛し、餌はそこから離れた場所に出かけて捕る生活をしていたのです。スペインなどの外国のチョウゲンボウも集団で繁殖する例が少数確認されていますが、これほど多数の個体が集団で繁殖する例はないことが指定の理由でした。

十三崖での繁殖数の減少

指定当時20つがいほどが繁殖していた十三崖のチョウゲンボウは、その後減少の一途をたどりました。指定後60年以上が経過した現在では、繁殖が見られない年も出ているほどです。減少の原因の一つは、崖の前に広がる採餌環境の悪化です。崖の前には、夜間瀬川の河原、その先には水田やリンゴ園といった餌を捕るのに適した環境が広がっていました。それが、夜間瀬川の河原の植物の繁茂、その先の農耕地でのビニールハウスの普及により、チョウゲンボウにとって餌の得にくい環境に変わったからです。もう一つの原因は、夜間川の河川改修により川の流れが固定化し、洪水が起きても崖下にたまった土砂が流されずに堆積し、そこに樹木が生えて崖の高さが失われたこと、崖面にも植物が生え、営巣できる崖の面積が減少したことです。

さらに3つ目の原因は、この十三崖に最近ハヤブサが1つがい繁殖を始め、チョウゲンボウが営巣できる崖がさらに狭められたことです。同じ長野県の上田市の千曲川に面した岩鼻という三角形をした崖には、多い時には10つがいほどのチョウゲンボウが繁殖していたのですが、この崖でも1つがいのハヤブサが繁殖を始めると、それ以来この崖にチョウゲンボウの繁殖は見られなくなりました。

現在、文化庁が補助金を出し、中野市が十三崖にチョウゲンボウを呼び戻す事業を開始しています。崖面と崖下の植物の除去、崖面への人口巣穴の設置等を行っているのですが、繁殖数は増加していません。

チョウゲンボウの繁殖習性の変化と数の増加

私は、十三崖での繁殖数の減少には、もっと大きな理由があると考えています。それは、この間のチョウゲンボウ自身による繁殖習性の変化です。指定当初この鳥は崖などの限られた場所でしか繁殖していなかったのですが、その後千曲川などの大きな川にかかる橋や都会のビルの屋上といった人の生活圏にも進出し、人口構造物に営巣するように習性が変わったからです。

現在長野県に生息するチョウゲンボウのほとんどは、橋梁の穴やビルなどの建物にある隙間に巣を造り繁殖しています。中野市の隣の小布施町の千曲川にかかる橋では、多い時には10つがい以上が集団で繁殖しており、かつての崖等での繁殖は現在ではほとんど見られなくなりました。

この変化の理由は、最近は人がこの鳥にとって以前のように危険な存在でなくなったためです。私が子供の頃の60年以上前には、野鳥を捕えて食べることが広く行われていました。それが狩猟法の改正によりほとんどの野鳥が捕獲禁止になり、人が野鳥に害を直接及ぼすことはなくなりました。その結果として、チョウゲンボウが生息できる環境は人の生活圏にも広がり、生息できる環境が一挙に広がりました。

さらにその結果として、かつて希少な鳥であったこの鳥は現在全国的に数の増加に転じています。

高山に進出しライチョウの雛を捕食

人の生活圏に進出し数を増やしたチョウゲンボウは、最近ではライチョウの棲む高山でもよく見かけるようになり、ライチョウの雛を捕食しているのが各地の山岳で確認されています。平地で数を増やしたこの鳥が高山に棲むライチョウの新たな捕食者になったのです。

この10年間、ライチョウの保護のため乗鞍岳や南アルプスの北岳で孵化したばかりのライチョウの雛を母親と共にケージに収容し、人の手で梅雨の悪天候と捕食者から守ってやるケージ保護を実施しています。その折、昼間には家族をケージから出し、人が付き添いながら家族をケージの外で自由に生活させているのですが、晴れた日には下界からやってくるチョウゲンボウを人が手をたたいて追い払うことをしています。

かつて貴重種であったチョウゲンボウは数が増えすぎた結果、現在では貴重な日本の高山の自然のバランスを崩す存在となっています。自然界では他の生物とのバランスで個々の生物の生活が成り立っており、特定の生物が増えすぎると自然界のバランスを崩す良い例と言えるでしょう。

世界最速の鳥　ハヤブサ

ハヤブサ科の鳥

ハヤブサ（隼）は、カラスほどの大きさの猛禽です（写真①・写真②）。雌の方が雄よりやや大きく、全長は雌が46～51㎝に対し、雄は38～45㎝です。体重は1㎏ほど。日本全国に生息していますが、数は多くありません。

猛禽類の多くはワシタカ科ですが、ハヤブサはそれとは異なるハヤブサ科を代表する猛禽です。日本にはハヤブサより体の大きいシロハヤブサ、ハヤブサより小さくハトサイズのチゴハヤブサ、体がさらに小さなチョウゲンボウ、コチョウゲンボウ、ヒメチョウゲンボウの計7種が生息しています。

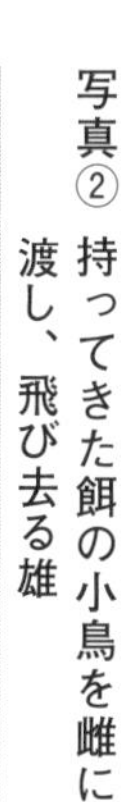

写真①　カワウの古巣で子育てをするハヤブサ。右が雄

写真②　持ってきた餌の小鳥を雌に渡し、飛び去る雄

世界に広く分布

ハヤブサは南極大陸を除いた6大陸に分布し、鳥の中では世界に広く分布する部類です。多数の亜種に分かれていますが、日本では亜種ハヤブサが留鳥として周年生息している他、冬季には北方で繁殖する亜種オオハヤブサが越冬のため冬鳥として稀に飛来します。

欧米では、１９５０〜60年代にＤＤＴなどの有機塩素系農薬の使用の影響で、繁殖がうまくゆかなくなり絶滅に瀕した時期もありましたが、これらの農薬が使用禁止となってからは数が回復した経緯があります。

空中で獲物を捕らえる世界最速の鳥

ハヤブサは、空中で獲物を捕らえるという特異な狩をするのが特徴の猛禽です。目立つ崖の上など見通しの良い場所にとまり、獲物が通過するのを待ち、見つけると翼を閉じて上から獲物めがけて急降下します。小鳥の場合には足でつかんで空中で捕え、大型の鳥は体当たりするようにして足で蹴り、飛べなくしてから空中で捕えます。また、カモやサギ類などなどさらに大きな鳥は、水面に落としてから捕まえます。乗鞍岳でライチョウを観察中に我々の背後に隠れて飛来し、気づいて飛びたったライチョウを目の前で蹴落とすのを観察したこともありました。ハヤブサの餌のほとんどは鳥類なのです。

急降下のスピードは速く、時速３２０㎞を出した個体が世界最速の鳥として、ギネスブックに登録されています。実際には、時速４００㎞近くのスピードを出す場合もあるとされています。ですが、ハヤブサは急降下で世界最速の鳥であって、水平飛行の場合には、時速１７０㎞で飛ぶハリオアマツバメが世界最速の鳥なのです。

内陸部に進出

ハヤブサは、現在は希少野生生物種に指定されている他、環境省のレッドリストでは、絶滅の危険が増大しているランクの絶滅危惧Ⅱ類（ＶＵ）に指定されています。この鳥は、かつては海岸の崖に営巣する猛禽でした。それが近年では、内陸部の崖にも営巣するようになり、生息数が増えています。

海のない長野県では、30年ほど前までは繁殖していなかったのですが、その後各地で繁殖が確認されるようになりました。現在、私の住んでいる近くでは、長野盆地と上田盆地の境にある岩鼻の崖に20年ほど前から棲みついて、繁殖をしています。また、長野市内の県庁のすぐ近くにある朝日山の崖では、10年ほど前から繁殖が始まっています。さらに、長野盆地の北に位置する中野市の十三崖では、５・６年前から繁殖が見られるようになっています。

チョウゲンボウを崖から追いやる

最も早く棲みついた岩鼻は、千曲川の流れで削られた高さ１５０ｍの三角形をした垂直の崖です。ここにハヤブサが棲みつく以前には、同じハヤブサ科のチョウゲンボウが集団で繁殖していたのですが、この三角形の崖の真ん中でハヤブサが繁殖を始めると、チョウゲンボウはいなくなり、千曲川にかかる近くの橋に営巣場所を変えました。

中野市の十三崖は、川の流れにより削られた長さ1・5㎞の細長い崖です。ここは、以前からチョウゲンボウの集団繁殖地として国の天然記念物に指定されていた場所ですが、ここにハヤブサが1つがい繁殖を始めてからは、その巣近くではチョウゲンボウの繁殖は見られなくなりました。

かつてチョウゲンボウは、繁殖数の限られた希少な鳥でしたが、その後自然の崖から千曲川にかかる橋や市街地のビルなどで営巣するようになり、十三崖のチョウゲンボウは激減しました。現在、十三崖にチョウゲンボウを復活させる事業が行われていますが、ハヤブサの巣から離れた続きの崖に1つがいが繁殖するのみになり、事業はうまくいっていません。

高層ビル街にも進出

内陸部に進出したハヤブサは、チョウゲンボウの後を追うように、市街地の高層ビル街にも進出しています。ハヤブサにとって高層ビルは、かつての自然の崖と同じ立体構造なので、最近は高層ビルに営巣するようになったのだと考えられます。この現象は、日本だけでなく外国でも同様で、先日ＮＨＫの番組でニューヨークのビル街に繁殖するハヤブサが紹介されていました。

人の生活圏に進出する鳥類

チョウゲンボウとハヤブサが都市に進出するようになったのは、彼らの餌となる鳥が都市部で近年増えたからです。スズメ、ヒヨドリ、キジバト、ドバトなど多くの鳥が都市部に進出した結果、それらを餌にハヤブサが都市部に進出できるようになったのです。

多くの鳥が近年都市部に進出するようになった理由は、野鳥を捕獲することが禁止となったため、野鳥にとって人は以前のように怖い存在ではなくなったからです。その結果、以前は郊外に塒をとっていた、ムクドリやカラスが都市部に塒を取るようになり、人と様々なトラブルを起こすようになりました。

人間による自然環境の破壊により、多くの鳥が生息環境を奪われ、数を減少させていますが、一方で人の作り出した新たな環境に上手く進出し、したたかに生きる鳥もいます。その代表が猛禽類ではハヤブサなのです。この地球上で生活するのは、人だけではありません。野鳥を通し、我々はもっと謙虚に多くのことを学ぶ必要があるように思います。

4章

草原性鳥類

カッコウの雛を育てるオオヨシキリ

広く森に覆われていた縄文時代以前の日本では、草原環境は水辺などの限られた場所に存在するだけでした。その時代には、日本には限られた数や種類の草原性鳥類が生息するのみであったと考えられます。それが、人が林を伐採し、耕作をはじめ、さらには火入れが行われるようになると、里の開けた環境が広がり、草原性鳥類にとって棲みやすい環境に変わりました。耕作地に棲み着いた代表がヒバリ、草地や藪に棲むホオジロは生活場所を広げ、湿地や耕作地を含む開けた環境にはオオジシギが生息地を広げることになりました。この章ではこれらの鳥に、水辺のヨシ原などに棲むオオヨシキリも加えて掲載しました。このうち、オオジシギは本州中部の高原や北海道に棲み、身近な鳥とは言えませんが、いずれも人の活動の影響で近年は減少傾向にある鳥です。そんな点にも思いをはせて、これらの鳥を観察して欲しいと思います。

春の訪れを告げる身近な鳥　ヒバリ

飛びながらさえずってなわばり宣言

ヒバリ（雲雀）は、スズメよりやや大きな地味な鳥です（写真①）。畑や河原などの開けた環境に棲み、背の低い草がまばらに生えた環境に適応した鳥です。アフリカ大陸北部からユーラシア大陸に広く分布します。日本では、北海道や東北など雪の多い地域では冬に暖かい地域に移動しますが、多くの地域では年間を通して見られる留鳥です。

地上で過ごすことがほとんどですが、雄は春の繁殖期には空高く舞い上がり、飛びながら長時間にわたってさえずります。開けた環境では、とまってさえずる高い場所がないので、空に舞い上がり飛びながらさえずることでなわばりを宣言する「揚げ雲雀」と呼ばれる行動を進化させました。万葉の時代から詩歌に詠まれてきた身近な鳥で、日本では古くからのどかな田園風景を思い起こす春の風物詩となってきた鳥です。

写真① 地上での生活に適応し、地味な姿と長い爪を持つ

写真② 菜の花畑をバックに地上でさえずるヒバリの雄

＊①②ともに茨城県那珂市在住宮本奈央子氏撮影

草の根元に営巣

ヒバリの生活は、信州大学の学生であった当時の小渕順子さんが卒業研究として長野県の小諸市で１９６０年代に調査しました。それによると、この鳥は早い年では２月末からさえずりを始めます。３月中旬には多くの個体が繁殖活動を開

始し、さえずりの最盛期は4月下旬から5月上旬でした。飛びながら空高くさえずるだけでなく、地上でもさえずることも多く（写真②）、その割合は時期が遅くなるほど多くなっていました。

4月中旬から巣造りが始まり、巣は草むらの中の地上に枯れ葉や根を使って丸く造られます。産卵数は4卵が最も多く、次は3卵でした。巣を造り、卵を温め、孵化したばかりの雛を温めるのはすべて雌の仕事です。雄はこの間、多くの時間をさえずりまたはなわばり防衛をしていました。

卵は、最初の卵が生まれた日から温められますが、全部の卵が孵化するには13日〜14日間かかりました。雛が孵化すると、雄はこの時から子育てを手伝い、巣に餌を運んできます。しかし、雄が巣に餌を運んできた回数は、雌の三分の二ほどでした。

雛は孵化してから9〜10日間で巣立ち、その後数日間は親から餌をもらっていました。しかし、無事に雛を育てられた巣の割合は少なく、平均は47％と半分以下でした。繁殖に失敗した場合には再営巣しますが、調査した8つがいでは平均で2・3回巣を造っていました。失敗の原因は、畑の耕作による人の害のほか、卵や雛の消失は、ヘビやイタチ、カラス等による捕食が原因と考えられます。

強い警戒心

ヒバリは、警戒心の強い鳥で、巣を見つけるのが大変難しい鳥です。多くの鳥は、巣への出入りを観察し見つけることができるのですが、ヒバリはそれが難しいのです。地上を歩いて巣に出入りするのですが、保護色であるので見つけにくい上に、他の鳥のようにまっすぐ巣には入らず、ジグザグに歩いてから巣に入るからです。巣から出る時も同様で、捕食者に巣の場所を突き止められないための習性です。

長野市街地の千曲川でカッコウの研究をしていたころ、カッコウに托卵される様々な鳥について、カッコウ卵と自分の卵を区別する卵識別能力がどの程度あるかを調査したことがあります。巣を見つけ、カッコウ卵に似せて作った擬卵をこっそり入れて、その卵が巣から出されるか、受け入れられて温められるかを調べました。

ヒバリの場合には、その実験に使う巣をまとまった数を見つけ出すのに大変苦労しました。また、50歳を過ぎてからは、その上流の千曲川中流域にあたる場所で、調査地の河川敷内で繁殖するすべての種類の鳥を対象に調査したことがあります。

繁殖するすべてのつがいのなわばりを明らかにするか、またはすべての巣を発見することで、繁殖密度と繁殖成功率を明らかにしようとしました。その調査でも、ヒバリには大変苦労しました。雄のさえずりからなわばり数はすぐにわかるのですが、巣が見つからないのです。鳥の巣を見つけるのが得意な私にとっても、ヒバリは手を焼く鳥でした。私がこれまでに発見したヒバリの巣は、10巣に届きません。その多くは、歩いていて足元の巣から飛び出した雌に気づいて見つけたものです。

ヒバリはなぜ減ったのか

ヒバリは、近年数が減っているといわれています。東京都が実施した鳥類繁殖分布調査の結果を分析した植田ほか（2005）によると、1970年代には307メッシュ中101メッシュでヒバリのさえずり等による生息が確認されましたが、1990年代には28メッシュと急激に減少していました。減少の原因は、この間の畑地面積の急激な減少と麦の栽培から野菜類の栽培という畑地の質的変化によることが分かりました。

ヨーロッパでも同様にヒバリが近年減少しています。その原因は、春蒔き小麦から秋蒔き小麦への転換により麦の背丈が高くなり、繁殖に適さない環境になったこと、また農地の大規模化に伴う環境の均一化とされています。

高山で繁殖開始

ヒバリは、このように日本だけでなく世界各地で数が減少していますが、最近ヒバリの新たな環境への進出が日本で起きています。高山への進出です。私は乗鞍岳で長年ライチョウの調査をしていますが、10年ほど前からヒバリのさえずりが乗鞍岳の高山帯で聞かれるようになりました。また、その後北アルプスの白馬岳にライチョウ調査に訪れた時にも、複数の雄が山頂付近でさえずっているのを目撃しました。ヒバリはそれまで平地の鳥でしたから、高山帯への進出には大変驚きました。現在では、本州中部の他の高山や北海道の大雪山でもヒバリのさえずりと繁殖が観察されています。

ではなぜ、最近ヒバリは高山に進出したのでしょうか。平地を追われたので、よく似た環境のある高山に進出したのかもしれません。また、それには最近の温暖化が関係しているのかもしれません。この理由の解明には、さらに詳しい調査が必要です。

皆さんの住んでいる近くにまだ田園風景が残っている場所がありましたら、3月の晴れた温かい日に訪れてみてください。冬の寒さに耐えた後、高らかに春の訪れを告げるヒバリのさえずりに出会うことができるかもしれません。

身近な里の鳥　ホオジロ

開けた環境に生息

ホオジロ（頬白）は全長7㎝、スズメとほぼ同じ大きさの小鳥です（写真①）。喉と目の上の眉班も白いのですが、頬が白いことが特徴であることからこの名がつけられました。雄の頭部は白と黒ですが、雌は全体的に色が淡く、褐色をしていますので（写真②）、雄とは区別できます。

日本では種子島、屋久島から北海道まで広く分布する鳥です。北海道のものは冬には本州以南に移動しますが、それ以外の地域では留鳥として周年見ることができます。日本の他、朝鮮半島、シベリア南部、中国から沿海地方にかけて分布する東アジアの鳥です。

スズメ目ホオジロ科ホオジロ属に分類される鳥ですが、このグループの鳥の中では最も身近な鳥で、本州中部では標高1200m以下の開けた林や林縁、農耕地、畑地、河原といった里山や里地の開けた環境に生息します。
春になると雄は草や木の上にとまりさえずりをはじめます。

写真① 雄のホオジロ

写真② 雌のホオジロ

＊①②とも茨城県那珂市在住宮本奈央子氏撮影

そのさえずりは、「一筆啓上仕候」とか「源平つつじ白つつじ」と聞きなされ、古くから親しまれてきました。雄は繁殖期にはなわばりを確立し、一夫一妻のつがいとなり子育てをします。

繁殖期の生活

ホオジロの繁殖生態については、信州大学教育学部生態研究室を卒業された山岸哲さんが若いころに長野市郊外の小田切地区（標高700ｍ）で調査されていますので、その研究で明らかにされたこの鳥の繁殖期の生活を以下にご紹介したいと思います

2月に入るころから雄は短いさえずりを始めますが、さえずりが本格化し、争いなどのなわばり行動を開始するのは3月に入ってからです。この頃になるとつがいが形成され、以後は雌雄がたえず行動を共にするようになり、さえずりの頻度も少なくなります。

造巣

4月末から5月初めに一斉に巣造りが始まります。巣を造るのは雌で、この時期の巣は枯草などを集め、ほとんどが地上に造られます。巣の外装が出来上がった後は、草の根など細かい巣材で丸くおわん型の巣が完成します。内装が造られる頃から交尾が始まります。巣は一週間ほどで完成し、卵は1日1卵ずつ早朝に産卵されます。産む卵の数は3～5卵で、平均は4・4卵でした。

抱卵

最後の卵が産まれた日から抱卵が始まります。卵を温めるのは雌です。雌は平均58分間

巣で抱卵し、25分間餌を食べに巣から出ます。夜間巣に留まり卵を抱くのも雌で、雄は抱卵しません。抱卵中の雌に雄が餌を運んでくる種類の鳥もいますが、ホオジロの雄はそれもしません。抱卵は11日間続けられ、雛が孵化します。

育雛

雛が孵化すると雌はツイーという独特の声を出した後、卵の殻を嘴にくわえて外に捨てに行きます。雛はほぼ一斉に孵化し、雌は孵化した雛に餌を運び始めますが、雛は丸裸の状態なので、餌を与えた後15分間ほど雛を温める抱雛をした後、また餌を捕りに巣を離れます。抱雛は、雛に羽が生え始める6日目頃まで行われます。雛に与える餌は、蝶や蛾といった鱗翅目の幼虫やバッタなどの直翅目の昆虫、クモ類などです。

雛が孵化すると、それまでは巣に近づくことがなかった雄も雛に餌を運んできます。雛は孵化から11日目で巣立ちますが、それまでに雛に餌を運んだ回数は雌雄ほぼ半々でした。

雛は餌をもらった後に糞をしますが、雛が小さいころには親が食べてしまい、雛が大きくなると巣の外に捨てに行きます。

巣立ち後は雌雄で雛を分担

雛が巣立った後も親はなわばり内で子育てを続けます。その場合、親は雛をそれぞれ分担し、自分が分担した雛にのみ餌を運びます。その期間は25日~29日間で、それを過ぎてから雛は親から独立します。

巣造りから始まり、雛が独立するまでに約2ヶ月間かかります。

再営巣と2回目繁殖

卵や雛が捕食されて繁殖に失敗すると、すぐに新しい巣を近くに造り再営巣を始めます。また一回目の繁殖を終えた後、一部のつがいは2回目の繁殖をします。巣は、草の成長や樹木の芽吹きと共に、地上から樹木への営巣が多くなり、巣はしだいに高い場所に造られるようになります。また、時期が進むにつれて、産む卵の数は減ってゆきます。

鳥の繁殖生態の研究

以上がホオジロの子育ての概要ですが、鳥は種類によって繁殖の仕方は実に多様です。

その多様性は、種類によって姿、形が異なるのと同様に、長い進化の過程で確立された適応的なものです。

私の恩師の信州大学の故羽田健三先生は、研究室の学生一人一人にそれぞれ1種類の鳥を分担し、それぞれの種類の鳥の繁殖生態を卒論テーマとして研究させました。私は学生の時にカワラヒワの繁殖生態をテーマに研究しましたが、羽田先生が退官される頃には40種類ほどの鳥の調査を終え、身近な鳥の調査はほぼ終わっていました。私の代になると生息数の少ない貴重な鳥や夜行性のフウロウの仲間、警戒心の強い猛禽類など、調査の難しい鳥ばかりが残されましたが、それらの鳥を含め、私が退官する頃には、長野県に生息するほとんどの種類の鳥の調査が終わり、鳥の繁殖生態の多様性が明らかにされました。

＊　＊

4月から5月、6月は、多くの鳥の繁殖時期です。私たちの住む同じ場所にも多くの鳥が繁殖し、私たちと同じようにそこで子育てをしています。今回のホオジロも私の家の庭木に巣を造り、繁殖したことがあります。身近で子育てする鳥を観察する機会に恵まれたなら、きっと人間中心の考えから一歩引きさがった見方に変わることでしょう。

喧(かまび)しくさえずる鳥　オオヨシキリ

新緑の5月に訪れる夏鳥

オオヨシキリは、スズメよりやや大きく、雌雄ともに薄茶色をした地味な鳥です（写真①）。日本の他、東南アジア一帯からロシア東部とインドを含む地域に生息しています。日本など北で繁殖するものは、冬にはフィリピン、マレー半島、スマトラ島などに渡ります。長野市郊外の千曲川では、毎年新緑の5月初めに最初の個体が南から渡ってきますが、西日本ではやや早く4月中旬、北海道では5月中旬に渡ってくる夏鳥です。

ヨシ原に棲む

オオヨシキリが棲む環境は、河川、湖沼、湿地などにあるヨシ原です。この鳥が南から

写真①　枯れたオオブタクサにとまり、大きく口を開けてさえずるオオヨシキリの雄
＊茨城県那珂市在住宮本奈央子氏撮影

渡って来たことは、独特の鳴き声で知ることができます。渡来の時期には芽生えたヨシの背丈がまだ低いので、前年の枯れヨシや柳などの木にとまって、ギョギョシ、ギョギョシ、ケケシー、ケケシーなどと雄が盛んにさえずり始めます。その鳴き声の「行々子（ギョギョシ）」は俳句の夏の季語となっています。

最初の鳴き声を聞いた後、ヨシ原で鳴くオオヨシキリの数は日ごとに増えてゆき、雄同士の争いも盛んになって行きます。各雄のさえずっている範囲がなわばりですが、密度が増えるにしたがって各雄のさえずる範囲は狭まっていき、その範囲から他の雄を排除しようとしています。最終的に落ち着くなわばりの大きさは、ヨシ原を含む直径30mから40mほどの小さなものです。

夜間もさえずる

オオヨシキリの雄は、渡来当初には昼間だけでなく、夜にも盛んに鳴きます。その様子を1966年に当時信州大学の学生であった寺西けさいさんが24時間にわたって調査しています。それによると、さえずりは渡来当初のなわばり形成期に最も盛んで、7月6日には夕方の19時30分過ぎに一旦鳴きやんだ後、20時20分に再び鳴きだし、それから夜通し鳴き続け、この日の推定睡眠時間は50分間にすぎなかったとのことです。さえずりとさえずりの間隔が1分以内のものを連続的なさえずりとみなすと、一日24時間のさえずり時間の合計652分となり、一日の45・3％をさえずっていることが分かりました。夜間もさえずる意味は、多くの小鳥は夜に渡ってくるので、雄が夜にも鳴いて、雌に自分の存在をアピールするためと考えられています。

オオヨシキリの大声のさえずりは、他の鳥のようにきれいな声とは言えません。それが渡来当初には昼も夜も鳴くのですから、その騒々しい鳴き声は昔から人々に嫌われてきました。小林一茶は、「行々子口から先に生まれたか」とこの鳥の鳴き声を皮肉っています。

つがい形成と繁殖活動

雄の渡来から2週間ほど遅れて、雌が渡ってきます。ちょうど雄がなわばりを確立し終えた頃です。雌がなわばり内に入ってくると、雄はさえずりを中断して雌について回り、雌に求愛し、雌に餌を与える求愛給餌も行ってつがいができます。

つがいができて数日すると、雌は雄のなわばり内のヨシなどに巣を造り始めます。巣は数日で完成し、その後2、3日すると産卵が開始されます。卵は毎日1卵ずつ早朝に産卵され、3～5卵、平均で4・5卵を産みます。抱卵は雌のみによって行われます。雌が抱卵に入ったころから、雄は再びさえずりを活発化させます。

抱卵開始から13～14日間で雛が孵化します。生まれたばかりの雛を温める抱雛をするのも雌です。雄は、子育てをほとんど手伝いません。

一夫多妻の鳥

オオヨシキリは一夫多妻の鳥です。多い場合には1羽の雄が3～5羽の雌とつがいとなることが知られています。先の寺西さんの千曲川での調査によると、46羽の雄のうち1雄が一夫三妻、6雄が一夫二妻、残りの大半は一夫一妻でした。一夫多妻の雄がいる一方で、雌を得ることのできない単独の雄もいることが知られています。

ヨシ原のある環境は一様ではありません。雌を複数得ている一夫多妻の雄は、よく茂った水辺のヨシ原になわばりを持っている雄でした。それに対し、藪が混入している乾燥したヨシ原になわばりを持つ雄の多くは、一夫一妻の傾向がありました。さらに、小さなヨシ原になわばりを持つ雄では、雄がさえずっていても、なわばり内に雌も巣も見つからない独身の雄もいました。

一夫多妻の雄は、最初につがいとなった雌の雛に餌を与えますが、2番目以降の雌の雛の子育ては手伝いません。オオヨシキリで一夫多妻が見られるのは、雌のみでも子育てが可能であるからです。雌は、雄のなわばりの質を評価し、良いなわばりを持つ雄では先の雌がいてもその雄とつがいとなるので、一夫多妻となると考えられます。どの雄とつがいとなるかは、雌の選択権にゆだねられているのです。

カッコウの雛を育てる

オオヨシキリは、日本ではよくカッコウに托卵される鳥です。カッコウの雌は、オオ

写真②　托卵されたことに気づかず、カッコウの雛を育てるオオヨシキリ

ヨシキリが巣造りの段階から近くから様子を伺い、産卵を開始した時期にこっそりと素早く托卵します。托卵されたことにオオヨシキリが気づかずに卵を温めてしまうと、カッコウ卵の方が1日か2日先に孵化します。孵化したカッコウの雛は、丸裸でまだ目も開いていませんが、背中の窪みに巣の中にあった卵をのせ、巣の外に出してしまい、巣を独占するのです。

カッコウの雛が巣に入らないほどに成長した頃には、育ての親のオオヨシキリとは似ても似つかない姿なのですが（写真②）、最後までカッコウの雛を育てあげてしまうのです。

カッコウの雛が育ての親をどのように操作しているのかについては、まだよくわかっていない今後の課題です。

雷シギとも呼ばれる　オオジシギ

日本が主な繁殖地

オオジシギ（大地鴫）という鳥をご存じでしょうか。水辺から離れた陸上に棲むジシギ（地鴫）の中で最も大きく、体長約30㎝、嘴の長さ7～8㎝の大型のシギ（写真①）であることから、この名がつきました。雌雄同色の地味な鳥です。

日本の他、南千島、サハリン南部、ウスリー周辺といったロシア極東で繁殖し、冬にはオーストラリア南東部やタスマニア島に渡って越冬する渡り鳥です。日本では、主に本州中部以北の高原から北海道の平地にかけて繁殖し、日本がこの鳥の主な繁殖地となっている鳥です。そのため、英名はJapanese Snipeです。

私がこの鳥と最初に出会ったのは、信州大学に入学した年の5月、戸隠探鳥会に参加した時でした。戸隠山がよく見える小清水ヶ原で、この鳥が上空を飛びながら旋回し、大声で鳴きながら急降下するのを見たのが最初です。

写真①　オオジシギは飛びながら鳴く他、地上や樹上でも鳴く。大きく嘴を開きズビーと鳴く雄

天空を震わせる誇示飛翔

この鳥の最大の特徴は、上空を飛びながら時々急降下する誇示飛翔と呼ばれる行動です。地上から飛び立ち、上空を旋回しながらテンポのゆっくりしたカ、カ、カといった声で数回鳴いた後、ズビーという声を二、三回、続いてズビヤクという声を三、四回発しながら、ザザ…と聞こえる羽音を立てて急降下し、再び舞い上がる時にはズビヤクと四、五回繰り返します。この1サイクルに5から10秒かかり、しばらく間をおいて繰り返されます。

この急降下を近くで見ると、その大声と尾羽を広げて急降下する時の羽音はジェット機が急降下してくるようで、一瞬恐怖心に襲われます。そのため、この鳥は、別名雷シギとも呼ばれています。

明らかにしたいこと

当時、この鳥の繁殖生態はほとんどわかっていませんでした。ですので、私が30歳代の終わりの頃、この鳥をぜひ研究をしたいと思い、研究室の学生に一緒に調査しないかと誘ったところ、重盛究君が卒業研究として取り組むことになりました。

私は、千曲川でカッコウの研究に本格的に取り組んでいた時期です。この鳥が渡ってくるのは4月中旬で、カッコウが渡ってくる前までの1ヶ月間は、彼の調査を手伝えます。

明らかにしたいことは、3つありました。一つは、夜間も含めこの鳥の一日を通しての生活を明らかにすることでした。2つ目は、あの賑やかな誇示飛翔はどんな意味を持っているのか、3つ目はこの鳥の雌雄関係や社会構造の解明です。調査地は、大学から車で20分にある飯綱高原の大谷地湿原に決めました。

どうやったら捕獲できるか

まず、最初にやったことは、この鳥を捕獲することです。前述の課題の解明には、この

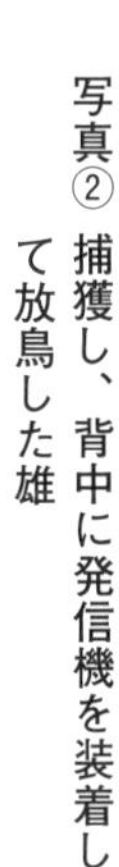

写真②　捕獲し、背中に発信機を装着して放鳥した雄

鳥を捕獲し、電波を出す発信機を装着することが必要です。1年目の1986年は、湿原のあちこちにカスミ網を張るなどしましたが、1羽も捕獲できませんでした。2年目には工夫を凝らし、カスミ網をV字型に2枚張り、その中央にこの鳥の剥製とスピーカーを設置しました。人は、近くに張ったブラインドに隠れ、朝のまだ薄暗い時間に誇示飛翔を開始したら、この鳥の地上でのズビーの鳴き声をスピーカーから流すことにしました。この作戦は見事に成功し、2年目には5羽を捕獲し、発信機をつけることができました（写真②）。

集団での誇示飛翔

1年目は、誇示飛翔行動について集中して調査しました。最も活発なのは5月上旬で、いったん始まると平均で20分間ほど、長い場合には90分間続けられました。調査地全体で7個体が誇示飛翔をしていましたが、うち4羽は大谷地湿原で、残り3羽はその近くの湿原と畑でした。1羽が始めると、隣も始めます。朝夕に誇示飛翔が行われる範囲は狭く、個体ごとに決まっており、ほとんど重複がないことから、その範囲がその個体のなわばりと判断しました。

ところが、日中に行われる誇示飛翔は、これとは異なり、湿原全体といった広い地域を3羽、4羽の集団で飛び回って行われました。

2年目の調査では、各個体の行動追跡と並行して発信機からの電波の強さを自動的に記録しました。体を動かすと電波の強さが微妙に変化します。昼間に個体の行動を観察している時にどんな波形となるかを明らかにすることで、夜も含めた一日の行動を解明しました。その結果は、この鳥は24時間活動していて、どの個体も朝夕には比較的活発で、日中の正午前後と夜の12時前後に不活発になることが分かりました。

誇示飛翔するのは雄

電波を頼りに日中に追跡した調査からは、各個体が地上で行動する範囲が明らかにできました。大谷地湿原に最初に棲みついた3羽の行動範囲はほぼ重なっていませんでしたが、

3番目と4番目の範囲は大きく重なり、地上の行動範囲は排他的ではありませんでした。巣は2年目と3年目にそれぞれに1つ発見しましたが、驚いたことに2巣はいずれも誇示飛翔が見られた地域の外にありました。4卵を産み終えた日から抱卵が開始され、2時間ほど卵を温め、20分間ほど採食をすることを繰り返していました。抱卵していたのは1羽で、その個体は鳴くことも、誇示飛翔もしませんでしたので雌と判断されました。また、捕獲した5羽は、いずれも腹部の羽が抜けた抱卵斑がなかったことから、誇示飛翔をするのは雄であることがわかりました。

以上3年間にわたる調査から、オオジシギの雄は特定の地域に集まって集団で誇示行動を行い、雌は交尾後そこから離れた場所で単独で子育てをする鳥では珍しいレックと呼ばれる繁殖様式であるという結論に至り、その結果を論文として発表しました。

＊　＊

このオオジシギの研究は、私がまだ若く純粋に鳥の研究に打ち込んでいた頃の研究の一つです。私が最初に見た戸隠高原と調査した飯綱高原からは、最近では姿が見られなくなり、全国的にもこの鳥は減少傾向にあります。この鳥のように個性的な日本の鳥ほど現在減少傾向にあることを、私は大変残念に思っています。

5章

人里に棲みついたフクロウ類

崖の穴で育てられるフクロウの雛

弥生時代以後に稲作が開始され、人々は集落に住むようになってからは、政の中心として神社が祭られ、集落ごとに神が住む神聖な場所としての鎮守の森が誕生しました。その鎮守の森に移り棲み、大木の洞で繁殖するようになったのがアオバズクやフクロウといった夜行性の猛禽でした。フクロウ類は、暗闇でも見えるといった能力を持っているため、鎮守の森の主として神聖視され、大切に保護されてきました。人が創り出した開けた環境は、冬に訪れるコミミズクの越冬場所となり、人家の庭木は同じく冬に訪れるトラフズクの塒となりました、フクロウ類は、夜に飛び回り、農耕の大敵であるノネズミ捕食するので、大切に扱われてきました。これらフクロウの仲間も、私たちの生活と密接に関わりながら、長い間共存してきた鳥です。

森の賢者　フクロウ

フクロウ研究のきっかけは「スノーレッツ」

１９９８年に開催された長野冬季オリンピックのマスコットは、「スノーレッツ」というフクロウに決まりました。そのことをきっかけに、私は研究室の学生と一緒に夜行性のフクロウ類の研究に挑戦する決心をしました。信州大学教育学部の恩師から研究室を引き継いだ頃には、身近な調査しやすい鳥の調査はほとんど終わっていました。私の代になった時には、数が少ない希少な鳥や警戒心の強い猛禽類など、調査が難しい鳥ばかり残されていました。

日中は休息し、夜に活動するフクロウ類の生態を解明するには、どのようしたら良いのだろうか？　わたしは、一番身近なフクロウから調査を始めることにしました。

フクロウの調査開始

大学周辺の里山から飯綱高原一帯を夜間に車でゆっくり走り、フクロウの鳴き声を聞くことから始めました。その結果、大学のある長野市街地から車で15分の小田切地区で一番よくフクロウの声が聞かれることがわかり、そこを調査地にすることにしました。この地域は山麓に位置し、畑や水田といった農耕地、スギやカラマツの植林地、雑木林とが混在し、その中に集落が散在する典型的な里山環境が今も残る地域です。

夜の鳴き声からなわばり分布を調査し、生息つがい数を明らかにした後、いくつかのなわばり内に巣箱を設置しました。自然の樹洞の巣は、高いことなどで調査がしにくいからです。翌年には、数つがいが巣箱を使って繁殖してくれました。

巣箱で繁殖するつがいを調査し驚いたことは、雛が孵化するころになると、巣の中にたくさんの餌を蓄えていたことでした。多い例では、13匹のネズミを蓄えていました。蓄えていた餌の多くはノネズミでしたが、ヒヨドリなど鳥も蓄えていました。雛のために、あらかじめ餌を蓄えて準備することは、人間が生まれてくる赤ん坊のためにさまざまな準備をするのと似ていますが、鳥では珍しいことです。

写真①　崖の凹みで繁殖するフクロウ。巣にネズミを持ってきた親

写真②　縫いぐるみのようにかわいい雛たち。まだ、ネズミを丸のみできない

解明されたフクロウの繁殖生態

フクロウは、本来は樹洞で繁殖する鳥です。そのフクロウが、調査を開始して3年目に崖にできた穴で繁殖しているのを見つけました。外から巣の中の様子が丸見えです（写真①②）。近くに小

型カメラを設置し、そこから50mほど離れたテントの中に置いたビデオデッキで、巣の中の様子を録画しました。夜には、弱いライトの光で馴らし、卵の時期から雛が巣立つまでの約1ヶ月間、毎日24時間連続して巣の中の様子を撮影しました。

撮影されたビデオを解析し分かったことは、子育ての仕事は雌雄ではっきり分かれていることでした。巣に留まり、産卵し、卵を温め雛の世話をするのは雌で、巣にいる雌や雛に餌を運んでくるのは雄の仕事でした。雄が運んで来た餌を雌は自分で食べるだけでなく、雛が孵化するころには巣に蓄え、雛が孵化すると少しずつちぎって与えていました。

孵化後2週間がたち、雛に黒い羽毛が見られる頃になると、雌親も餌を捕りに外へ出かけます。巣に運び込まれた餌の約8割は、ネズミ、モグラ、リスなどの哺乳類で、残りは鳥類、カエルなどの両生類でした。意外なことに、巣に餌が運び込まれたうちの25%は、朝の6時から夕方6時までの日中でした。夜だけでなく、日中も餌を捕って巣に運んできたのです。夜行性であっても、繁殖時期には日中も狩りをしていることがわかりました。

不足する繁殖のための樹洞

調査を進める中で、繁殖に適した自然の樹洞の不足が深刻なことも解ってきました。他の地域では、スギの木の根元の地上に営巣した例やオオタカ、ノスリといった猛禽の古巣で繁殖する例が見つかっています。

崖の穴に営巣した巣では、雛が2回、巣から落ちる事件が起きました。その都度巣に戻してやり、なんとか雛は無事巣立ちました。また、ハチクマの巣にカメラを設置していたら、その巣にフクロウが営巣し、雛が2羽とも巣から落ちてしまったことがありました。本来樹洞で育てられるフクロウの雛には、巣から落ちないようにする習性が備わっていなかったのです。

里山環境で人と共存してきた鳥

フクロウは、人里に棲み、長い間人と共存してきた鳥です。神社の境内にある大木の洞にも営巣し、農耕地などの開けた環境でノネズミなどを捕らえる益鳥でした。暗闇でも見える人にない能力を持ちます。木に直立してとまり、人と同じような大きな頭と丸い平たい顔に立体視可能な丸い目を持ち、いかにも賢そうに見えます。これらの特徴は、いずれも闇の中で聴覚と視覚を頼りに獲物を捕らえるために進化したものです。

身近に見られ賢そうな顔をしたフクロウの仲間の鳥ほど、世界中の人々に愛されてきた鳥はいません。古代ギリシャの知恵の神アテネの象徴として、神話や伝説、物語といった多くの文学作品や絵画の題材となり、逆に災いをもたらす不吉な鳥ともなってきました。

薄れる身近な自然への関心

フクロウの研究から見えてきたことは、かつての人との共存関係が、最近ではすっかり壊れてしまっていることでした。巣の洞のある森の木は知らずに切り倒され、神社の洞の巣穴はコンクリートで埋められました。それらの結果、フクロウは姿を消し、神社で子供たちの遊ぶ姿も見られなくなり、そこで行なわれていた春祭り、夏祭り、秋祭りも、今では途絶えがちとなりました。

これらの変化の根底には、かつての自然と共存した生き方から最近の人間中心の生き方への生活様式の変化があるように思います。我々は身近な自然を失っただけでなく、最近は身近な自然への関心も薄れてきてしまったように思います。物質的な豊かさと引き換えに、我々は多くの大切なものを失ってしまったように思えてなりません。

神社に移り棲んだフクロウ　アオバズク

最も身近なフクロウ

この鳥は、新緑となった4月から5月に日本に渡って来ることから「青葉木菟」と名づけられました。ずくとはフクロウの意味です。まん丸の坊主頭をした愛嬌のある鳥で、大きな丸い目の黄色い虹彩が特徴です（写真①）。冬は東南アジアで過ごし、春に渡ってくる夏鳥です。日本各地の神社や公園など、青々と茂る森がある場所に棲み、木の洞で繁殖します。街中の神社にも棲み、日本では最も身近なフクロウです。

この鳥は、私にとって子供の頃の思い出がある鳥です。私が生まれ育った家の近くには、ケヤキの大木に囲まれた神社の鬱蒼とした鎮守の森がありました。この神社には毎年5月になるとアオバズクがやって来て、夕方から夜に「ホッホー、ホッホー」と2回ずつ繰り返して鳴く声を聞いていました。この鎮守の森は、子供たちの遊び場で、遊んでいると

写真① 千曲川に設置したカッコウ捕獲用の網にかかったアオバズク
黄色い虹彩が特徴

写真② 神社の境内のイチョウの木にとまり日中に休息するアオバズク

頭上の高い木の枝にアオバズクがいつもとまっていて、下を見降ろしていました（写真②）。

7月には、ケヤキの木の洞から白いうぶ毛のまだ残る雛が数羽巣立ち、親鳥と並んでとまっていることもありました。地上に落ちてしまった雛を捕まえ、家でしばらく飼ったこともありました。

当時はこの鳥をフクロウと言っていましたが、フクロウではなくアオバズクであることを知ったのは、後になってからのことです。

巣の洞にカメラを設置して調査

信州大学に入学し鳥の研究を始めた私は、後に大学で鳥の研究をすることが仕事になりました。しかし、アオバズクを研究する機会は、なかなか訪れませんでした。夜行性のため、行動観察が難しかったからです。フクロウ類の研究に挑戦するきっかけとなったのは、1998年に開催された長野冬季オリンピックのマスコットが「スノーレッツ」というフクロウに決まったことでした。最初にフクロウの研究に挑戦し、次に取り組んだのがアオバズクでした。長野市郊外にある神社で調査することになりました。

アオバズクは、毎年同じ洞を使って繁殖します。アオバズクが渡ってくる前、洞の中に小型の親指カメラと豆電球を設置し、アオバズクの戻りを待ちました。幸い、この年も同じ洞で繁殖してくれました。最初にしたことは、電球の明るさに馴らすことでした。最初は弱い光で短時間明るくし、徐々に時間を長くし、24時間巣の中をカメラで撮影できるようにしました。電源は車のバッテリーを使い、近くに設置したビデオデッキで、抱卵開始から雛が巣立ち終えるまで、24時間毎日連続してビデオ撮影しました。それにより、洞の中でのアオバズクの雌雄の子育ての様子を解明できました。

昆虫食のフクロウ

最初に分かったことは、アオバズクは昆虫食の傾向が強いことでした。卵を抱く雌に雄が持ってきた餌、また孵化した雛に親鳥が運んできた餌のほとんどは昆虫でした。最も多かったのは、コフキコガネ、シロテンハナムグリ、カナブン、クワガタムシ、カミキリムシ類等の甲虫類で、次はニイニイゼミ、アブラゼミ等のセミ類、カワラヒワ、ムクドリなどの鳥類、さらにコウモリ類も時々餌として巣に運んでいました。

夕方から活発に飛び回り、飛んでいる虫を空中で捕らえていました。雛に運ばれた甲虫類やセミ類の餌は、翅が取り除かれ、巣の近くのよくとまる枝の下には、翅が多数落ちていました。朝にそれらの翅を拾い集め、夜に何を食べたかを知ることができました。また、雛が孵化する7月に神社の境内にこれらの昆虫の翅が落ちているかどうかで、アオバズクが繁殖している神社か、そうでないかを知ることができました。

雛は7月末には巣立ち、8月いっぱいは神社付近で姿を見ることができましたが、以後は見られなくなりました。

神社の境内に移り棲む

アオバズクは、もともと神社の境内に棲んでいた鳥ではありません。縄文時代以前、日本が広く森で覆われていた時代には、標高の低い地域の森に棲み、樹洞で繁殖し、昆虫を餌としていたのでしょう。それが弥生時代以降、稲作が始まると共に、平地の森は伐採され、水田や畑等の開けた里の環境が広がりました。人々は、集落をつくり定住するようになり、集落には政の中心として神社が祀られました。アオバズクは、その後何時の時代かに、里の森から神社の境内に移り棲んだのでしょう。神社の境内には、御神木として大切にされてきた大木があり、営巣に適した洞が得られ、昆虫も豊富に得られたからなのでしょう。

神社は、日本独特の宗教観による祭祀施設で、土地の守護神などが祀られ、古い時代から日本人の生活に溶け込んできました。今でも古くからある集落や町には必ず神社が存在します。神社は、日本文化のシンボルなのです。その神社の境内に移り棲んだのは、アオバズクだけではありませんでした。ブッポウソウも同様に移り棲みました。しかし、今ではブッポウソウが生息する神社はほとんどなくなりました。一方、アオバズクの方は今でも神社で繁殖していますが、その数は減少の一途をたどっています。

神社から消えてゆくアオバズク

私が子供の頃に遊んだ神社には、今はアオバズクはいません。古くなった神社の建て替え費用捻出のため、ケヤキの大木が業者に売られ、伐採されたからです。かつては、そこで春祭り、秋祭りが行われ、夏には盆踊りと、地域の人が集まる場所でした。けれども、今はそれらの祭りは途絶えがちとなり、神社で遊ぶ子供の姿も見られなくなりました。25年前にアオバズクを調査した神社にも、今はいなくなりました。いなくなったのは、多くの場合神社の境内が駐車場になり、周りが宅地化するなどにより、餌の昆虫が得られなくなったことが原因のようです。

日本人にとって長い間神がすむ神聖な場所であった神社の境内は、今の時代ではそうではなくなりつつあります。神社の境内から姿を消したブッポウソウや姿を消しつつあるアオバズクは、かつて日本人が大切にしてきた神社を介した地域のまとまり、さらには心や精神性のよりどころをも失いつつあることを示唆しているように思えてなりません。

虎斑模様のフクロウ　トラフズク

虎の模様をしたフクロウ

日本には7種類のフクロウが繁殖していますが、そのうちの1種にトラフズク（虎斑木菟）がいます（写真①）。虎のような縞模様をしているのでこの名がつきました。今回はこのトラフズクについて紹介します。

この鳥のもう一つの特徴は、頭に羽角と呼ばれる2本の長くて立派な飾り羽を持っている点です。この羽角は耳のように見えるため、トラフズクの英名はLong eared owlです。しかし、羽角は耳ではありません。耳は目の後ろにあり、羽毛で覆われているので、外からは見えません。羽角は、後ろに倒したり、閉じたり開いたりすることができます。人が近づいて警戒した時には、2本の羽角をまっすぐ上に伸ばし、羽毛を体にぴったりとつけて体を細くして、木の幹に似せて目立たなくする習性があります。

写真① 庭木のアカマツに塒を取っていたトラフズク。
目の虹彩はオレンジ色

日本では北海道から本州中部以北の森林で繁殖し、樹洞の他猛禽やカラスの古巣でも繁殖します。冬に一部は南に移動し、農耕地等の開けた環境が広がる地域で冬を過ごします。日本の他、ユーラシア大陸と北アメリカ大陸の亜寒帯から温帯に広く分布する鳥です。

冬に訪れ集団で塒をとる

私が30歳代の頃、長野市郊外の人家の庭木にトラフズクが塒をとっているという情報を得て、研究室の学生と見に行ったことがあります。先の写真①は、その時に撮影したものです。庭木のアカマツに1羽が塒をとっていました。

当時は、長野市内の他のいくつかの場所で

もトラフズクが冬の時期に塒をとっているのを見ることができました。単独での塒もありましたが、中には学校や公園のヒマラヤスギに数個体から多い場合には10羽以上が集団で塒をとっている例もありました。この集団で塒をとる習性は、同様に冬鳥であるコミミズクでも見られますが、留鳥のフクロウ類では見られません。

夜行性ですので昼間は寝ていて、夕方から塒を飛び立ち、夜間に農耕地、河原などの開けた環境でノネズミなどを捕えて食べます。

冬に訪れるトラフズクが繁殖

トラフズクは、長野県では冬に訪れる鳥と言われていました。それが1999年7月上旬、長野県北部の飯山市でトラフズクの巣立ち雛が盛んに鳴いているという情報があり、テレビ局の方と一緒に現場に駆けつけたことがあります。農家の屋敷林に巣立ちしたばかりの雛が4羽いました。雛の顔は黒く、近くには親鳥もいましたので、トラフズクが繁殖したことは間違いありません。雛はまだよく飛べなく、枝移りしながら時々「キーキー」と鋭い声で鳴き、人が近づくと嘴をパチパチと鳴らし威嚇してきました。

巣はどこにあるのだろうか？ 最初に樹洞を探したのですが、繁殖できそうな樹洞はあ

写真② トラフズクが繁殖したカラスの古巣。巣の縁にはペリットが落ちていた

りません。次に屋根裏などの建物の穴を探したのですが、そこにも巣は見つかりません。最後にイチイの大木に大きな巣がありましたので登ってみると、雛が口から吐き出した新しいペリットがいくつも巣の周りに残されていましたので、カラスの古巣でトラフズクが繁殖したことが分かりました（写真②）。

ペリットによる食性解析

トラフズクは他のフクロウ類と同様にノネズミなどの餌を丸呑みにしますので、消化できなかった毛や骨を口から吐き出す習性があります。吐き出されたものがペリットです。このペリットは、冬に塒をとっている木の下にも落ちていますので、そのペリットを見つけ、トラフズクが塒をとっていることに気づくこともあります。

トラフズクが繁殖した巣から採集したペリットをほぐすと、ノネズミの毛と共に頭骨、下顎骨、歯等が多数出てきました。

ペリットを口から吐き出す習性は、フクロウ類の他、ワシタカ猛禽類、サギ類、カワセミ類やブッポウソウ類などでもみられます。ペリットの内容を調べることで、その鳥が何を食べていたかを知ることができますので、ペリットの分析は、これらの鳥の食性を知るうえで有力な調査方法です。トラフズクのペリット分析から、この鳥の主要な餌はノネズミなどの小型哺乳類で、餌の総重量の60％、多い時には餌のほとんどがノネズミであることが分かりました。

トラフズクは、平均すると一日に1・4個のペリットを吐き出します。1個のペリットに含まれるノネズミの数は2～3匹ですので、年間に1羽のトラフズクが約1300頭のノネズミを食べていると推定されます。つがいの雌雄ではその2倍、さらに雛に与える分も加えると、年間に3000頭ほどのノネズミを食べていることになります。農家に被害をもたらすノネズミの数を減らすのに、トラフズクがいかに貢献しているかが分かります。

最近の数の減少

現在では、長野市とその近隣の地域でトラフズクが塒を取っている場所はほとんど見られなくなりました。越冬に訪れるこの鳥の数は明らかに減ってきており、飯山での繁殖確認以後、新たな繁殖も確認されていません。減少してしまった原因は繁殖地にあるのか越冬地にあるのかよくわかりませんが、最近ではトラフズクが塒を取っている場所が見つかると、その情報が広まり、大勢の人が遠方から写真撮影に訪れます。そのことが、越冬地でのこの鳥の減少にさらに拍車をかけているように思います。

以前、庭木に塒を取っていたトラフズクを農家の人がノネズミを捕える益鳥としてそっと見守っていたという人と野鳥の良好な関係は、現在では崩れてしまっているように思います。

6章

河川の水辺に棲む鳥

崖に集団で営巣するカワウ

人里の河川や湖沼に生息する野鳥を取り上げたのがこの章です。年間を通して雨量の多い日本では、多くの水鳥が生息しています。河川水辺で生活する鳥は、水棲昆虫を主な餌とする鳥と魚を主な餌とする鳥がいます。前者の水棲昆虫を主な餌とするのは、コチドリなどのチドリ類、セグロセキレイなどのセキレイ類、イソシギなどのシギ類、さらに後者の魚を主な餌とする鳥は、ヤマセミなどのカワセミ類、ダイサギやアオサギなどのサギ類、さらにカワウです。秋から冬に日本を訪れる、河川の他、湖沼で越冬するハクチョウ類、カモ類、ガン類も水辺に棲む鳥です。この章では、私が調査したことのあるヤマセミ、カイツブリ、カルガモ、カワウ、コチドリについて取り上げました。これらの鳥も、個性豊かな鳥たちです。

白黒鹿の子模様の鳥　ヤマセミ

白と黒のまだら模様が特徴

ヤマセミ（山翡翠・山魚狗）は、体長38㎝ほど、翼を広げると67㎝ほどで、ハトと同じ大きさの鳥です。カワセミと同じブッポウソウ目、カワセミ科の鳥で、大きくまっすぐな嘴をもち、頭には大きな冠羽があり、背中側にある白黒まだら模様が特徴です（写真①・②）。雄は、嘴の下の両側と胸の帯の一部が褐色をしているので、雌と区別できます。以前に紹介したアカショウビンも同じ科の鳥で、白黒の鹿の子模様から、カノコショウビンとも呼ばれていました。

北海道から九州の河川や湖に棲息していますが、日本の他、中国中部以南、インドシナ半島北部、ヒマラヤ、アフガニスタンにかけて分布します。

写真① 巣穴近くにとまるヤマセミの雌

写真② 捕えた大きなウグイを巣に運んできた雄

鳥好きの人に人気の鳥

ヤマセミは、同じ科のカワセミやアカショウビンのように色鮮やかな鳥ではありませんが、古くから親しまれてきた鳥で、江戸期の花鳥画にも描かれました。白と黒のシンプルな姿がかえって印象的なのだと思います。80円切手のデザインとして使われたこともあります。また、日本各地の市町村で、市の鳥、町の鳥、村の鳥に指定されています。数が少なく、なかなか出会うことができない鳥で、野鳥好きの人には大変人気のある鳥です。

水に飛び込んで魚を捕える

ヤマセミは、水に飛び込んで魚を捕える魚食性の鳥です。水辺の木の枝や岩などにとまり魚を狙いますが、飛びながら魚を見つけ、真上から水に飛び込んで捕えることもします。大きな魚を捕えると、枝や石にたたきつけて弱らせてから、頭から飲み込みます。同じく河川に棲む体の小さいカワセミが捕える魚に比べると、体がずっと大きいヤマセミは大きな魚を捕えます。

垂直の土の崖に横穴を掘って繁殖

ヤマセミは、3月下旬の頃から巣造りを開始します。巣は、川の増水などで削られてできた垂直の土の壁に自分で掘って造ります。嘴で1mほどの横穴を掘り、その先に産室と呼ばれるやや広い空間を作り、そこに卵を産んで温め、孵化した雛を育てます。

産室ができるまでは、掘った土をバックの姿勢で外に出しますが、産室ができてから中で方向転換し、土を外に押し出します。鳥にとっては、大変な作業です。巣の完成には一ヶ月ほどかかります。

ヤマセミが巣を造るのは、高さ3mほどある大きな崖に限られます。天敵のイタチ、キツネなどの哺乳類、さらにヘビやカラスなどから巣の安全を確保するためです。

多くの学生が調査を途中で断念

長野市郊外の千曲川でカッコウの研究をしていた30歳から50歳代の頃、調査中によくヤマセミを見かけました。この鳥は、飛ぶときにケッ、ケッと大きな声で鳴くので、姿を見なくてもいることがわかります。

信州大学で現職であった頃、ヤマセミを卒論研究のテーマにしたいという学生が何人もいました。かっこいい鳥ということで調査を始めるのですが、学生たちにとってはハードルの高い鳥でした。行動範囲が広いこともあって、なかなか巣を見つけられないのです。さらに、警戒心が強い鳥で、巣を見つけても近くからの観察が難しい鳥でした。

思うようにデータが取れず、調査に苦戦する学生を見かねた私は、巣の前に杭を立て、そこにヤマセミがとまったら、赤外線センサーカメラで自動的に撮影できるようにしました。この仲間の鳥は、巣穴に入る前、近くにいったんとまり、安全を確かめてから入る習性があるからです。こうすれば、雌雄ごとの巣穴への出入り時刻や回数、巣に運んできた魚の種類を写真から判定できます（写真②）。

ですが、ヤマセミを研究してわかったことは、増水により巣穴の崖が崩れたり、水につかって巣がだめになることがしばしば起きることでした。センサーカメラを設置し学生が調査を始めた巣も増水でだめになりました。いずれの学生も研究を途中で諦め、研究テーマを変えざるを得なくなりました。

千曲川のヤマセミの生態について、巣の前に杭を立てる方法を駆使して明らかにしたのは、富山大学を卒業した後私の研究室で千曲川の鳥をテーマに2年間研究し修士論文にまとめ、その後も研究を続けた笠原里恵さん（現 信州大学理学部諏訪湖臨湖実験所）でした。彼女により千曲川中流域のヤマセミとカワセミの生態、さらに両者の餌内容の違い等が解明されました。

河川中流域に分布を広げる

ヤマセミは、名前の通り以前は河川上流部の山地渓流に棲む鳥でした。私が子供だった

60年ほど前、千曲川でカワセミを見た記憶がありますが、ヤマセミはいなかったように思います。それが現在では、上田盆地、長野盆地、飯山盆地を流れる千曲川中流域に広く分布しています。現在は山地渓流に棲む鳥ではなく、人里の鳥になりました。

同様のことは、県外の他の河川でも起きています。都市化が進んだ地域では、宅地造成等でできた人工の崖に営巣する例が見られるようになりました。これらの変化には、野鳥を捕獲することが禁止され、人が危害を加えなくなったことが大きく関係しているように思います。魚を求めて人の住む環境に進出した、したたかな一面も持った鳥です。

良好な河川環境の指標となる鳥

ヤマセミは、河川環境の健全度を示す指標になる鳥です。この鳥の棲息は、餌となる魚が豊富で、さらにその魚の餌となる水生昆虫なども豊富な自然豊かな環境であることを端的に示しているからです。この鳥の繁殖には、餌と共に営巣に適した自然の崖の存在が不可欠です。ヤマセミの棲みやすい河川環境造りを進めることで、自然豊かな河川とそこに棲む個性豊かで魅力的なこの鳥が、これからも身近に見られ続けることを願っています。

浮巣を造る鳥　カイツブリ

カモの子供に見える小さな水鳥

カイツブリ（鳰）は、一見するとカモの仲間によく似ています（写真①）。ですが、カモの仲間のカモ目の鳥とは全く異なる、カイツブリ目の鳥です。体長は26㎝、体重２００gほどで、ハトより一回り小さい水鳥です。カモの中で最も小さいコガモの体長35㎝よりさらに小さく、カモの子供のように見えます。体全体が黒っぽく、嘴の付け根が薄い黄色で、目の虹彩が黄色であるのが特徴です。

日本では、本州中部以南に留鳥として周年生息していますが、北海道や東北のものは冬には南に移動し、春に戻ってくる夏鳥です。日本の他、フィリピン、ニューギニアなどの東南アジアの島々からユーラシア大陸の中南部、アフリカにかけての旧大陸に広く分布する鳥です。

写真① 2羽で連れ添って泳ぐ冬羽のカイツブリ
＊茨城県那珂市在住宮本奈央子氏撮影

止水域に棲み、水に潜って生活

カイツブリは湖や池といった止水域の他、河川の流れの緩やかな水域に棲む鳥です。水に潜って生活するので、尾は退化し、脚は体の真ん中より後ろについていて、ヒレのついた足指で水の中を泳ぐのに適しています。水に浮いていたかと思うと、水に潜り、しばらくすると水から出てきます。潜っている時間は15秒ほどで、潜ってはまた出てくることを繰り返します。

潜る深さは浅く、魚を主食とする潜水性のカモのように深くは潜りません。大きな池や湖では、湖岸の浅い場所で生活し、潜って小魚、エビ類、ザリガニ、水生昆虫などを食べます。潜って泳ぐことが得意な鳥ですが、地上を歩くことはほとんどなく、地上ではぎこちない歩きになります。水に浮いていることが多く、飛ぶことは少ないのですが、飛ぶときは水面をけって低く飛びます。

古名はにほどり

古くから日本人に親しまれてきた鳥で、奈良時代以降「にほどり」と呼ばれてきました、カイツブリは漢字では、入る鳥（鳰）と書きます。水に潜って生活するこの鳥の習性からなのでしょう。鳰と書いて「にお」とも読みます。琵琶湖には古くからカイツブリが多かったので、琵琶湖の古い名は「鳰の海」でした。現在では滋賀県の県鳥となっています。カイツブリは、冬の季語にもなっています。万葉集をはじめ古くから詩歌に詠まれ、俳句にも詠まれてきた鳥です。

春先に岸辺に沿ってなわばりを形成

長野市街地の北のはずれにある田子池でカイツブリを調査した信州大学教育学部生態研究室の学生であった小池寿子さんの研究によると、この鳥は池の氷が溶ける2月下旬から3月上旬にこの池にやってきます。最初の頃は池の中央部に群れているのですが、その後水面を羽ばたきながらキュルキュル…という鋭い鳴き声を立てながら滑走する求愛行動が始まり、

写真② ヨシの中に造られた浮巣で卵を温めるカイツブリ

3月下旬には群れの中からつがいが次々にできてきます。つがいは、ヤナギやヨシのある岸部になわばりを持ち、隣りのつがいや池の中央部からやって来る他のカイツブリに対し、甲高い声をあげ、侵入者めがけて水しぶきを上げて滑走し、容赦なく追い払い、なわばりを防衛します。

鳰の浮巣で繁殖

巣は、4月下旬ごろからなわばりの内の岸辺に造られます。カイツブリの巣は、「鳰の浮巣」として古くから知られています。ヨシなどの枯れ葉や水草を嘴を使って集め、数日で水に浮かんだ浮巣を完成します（写真②）。巣は、浮き沈みしますが、流されないようヤナギの枝やヨシの茎でつなぎ留められています。

卵は、5月になってから浮巣に4個から6個産まれます。生みたての卵は、真っ白なのですが、日がたつにつれて汚れて茶色っぽくなっていきます。抱卵は雌雄交代でするのですが、巣を離れる時には必ず水草などを卵にかけるので、水垢や巣材で汚れるからです。

巣の補修はたえず行われます。卵をカラスなどに食べられ、繁殖に失敗するとすぐに新しい巣が造られ、繁殖が再開されます。

卵は、20日から25日間の抱卵で孵化します。孵化した雛は、すぐに自力で泳ぐことができるのですが、孵化から1週間ほどは巣の近くに留まっていて、その後は親の背中に乗って移動しながら育てられます。雛が親の背中に乗り、親の翼の間から顔を出している姿はなんとも可愛らしい光景です。

雛は約50日間親の保護を受けますが、その間に餌の捕り方を学び、親から独立します。

水辺の改修により数を減らす

農耕が本格的に開始される前、日本が広く森に覆われ、至る所に湖や池、湿地があり、大小の河川が流れていた縄文時代には、日本には多くのカイツブリが生息していたことでしょう。その後は、稲作の普及により平地の湿地や林は開墾され水田となり、今日の人里の開けた環境が広がりました。それからは、稲作の水の確保のために「ため池」が造られ、カイツブリの生息できる環境はさらに広がりました。その時代から、カイツブリは人の生活する場所のすぐ近くに棲む身近な鳥となったと考えられます。

変化は明治維新以後に徐々に始まり、終戦後に大きく変化しました。河川改修や護岸の改修が進み、水辺環境が開発により大きく失われたのです。それと共にカイツブリは生活場所を奪われ、数を減らすとともに、以前のように身近な鳥ではなくなりました。

望まれる水辺環境の復活

カイツブリにとって、湖や池、河川のヨシやヤナギが生えた水辺環境の存在が極めて重要です。繁殖場所となるほか、安全な隠れ場や休息場所となるからです。陸域と水域の境にある水辺環境は、オオヨシキリ、ヨシゴイなど鳥の生息地となるだけでなく、様々な生き物の生活の場として重要です。それが多くの場所でコンクリートの護岸となり、生き物の棲めない環境に変わってしまいました。

これからは、行き過ぎた開発を改め、人と生き物が共存できるかつての水辺環境を復活することが望まれます。生き物が棲める環境は、人にとっても安全で豊かな生活を営む上で必要だからです。

最も身近なカモ　カルガモ

多くの地域で留鳥

マガンなどの雁（がん）類に比べ首が長くないカモ目カモ科の鳥を一般にカモ類と呼んでいます。日本にはカモ類が30種以上と多くの種類が生息していますが、その多くはシベリア、カムチャッカ半島などの北方で繁殖し、秋に日本に渡ってきて冬を過ごす冬鳥です。それに対し、日本で繁殖するカモ類はオシドリ、マガモ、カルガモなど少数です。その少数の中でオシドリとマガモは比較的標高の高い地域で繁殖するのに対し、カルガモは平地から標高の低い山地で繁殖しています。

北海道を除く本州以南に周年見られる留鳥で、河川や湖などの他、水田や市街地の池でも年間を通して見ることのできるカモです。ですので、カルガモは日本では最も身近なカモ類なのです。

嘴先端の黄色が特徴

日本の他、中国、ロシアの極東、朝鮮半島にも生息するアジアに分布が限られたカモです。カモ類は種類が多い上に、その多くは雌雄で色彩が異なり、かつ冬羽と夏羽では換羽により色彩が変化しますので、種類と雌雄の判定が難しい鳥です。しかし、カルガモは年間を通して雌雄同色である点でユニークなカモです。この鳥の最も簡単な見分け方は、嘴の先端が黄色いという特徴です（写真①・②）。また、この鳥は「グエーグエッグエ」と聞こえる大きな声でよく鳴きますので、他のカモ類と一緒に群れている時でも、この声でこの鳥のいることを知ることができます。

古くから食用に

カモ類は、古くから食用として利用されてきました。そのことは、貝塚からカモ類の骨が多数見つかることからもわかります。最も多く見つかるのはマガモの骨ですが、カルガモの骨も多く見つかっています。カモ類の多くの種類は、現在では狩猟が禁止されていますが、カルガモとマガモは現在も狩猟の対象となっています。ですので、カルガモは現在

写真①　羽づくろいをするカルガモ
嘴の先端の黄色が特徴

写真②　立ち上がり伸びをし、羽ばたきをするカルガモ
＊①②ともに茨城県那珂市在住宮本奈央子氏撮影

もカモ鍋として親しまれているカモです。

カルガモ（軽鴨）の名の由来は、マガモに比べて体が小さいという意味で付けられたという説や、万葉集に歌われた「軽ケ池」に周年見られたカモに由来するという説があります。

引っ越しの行列

カルガモが現在の私たちの生活に身近な存在になっていることに、「引っ越しの行列」があります。この鳥は先に述べたように市街地にも生息し、繁殖もしています。ちょっとした池があれば見ることができ、都会のビルの植え込みなどでも繁殖しています。雛が孵化するとその翌日には10羽ほどの小さな雛を多数連れて、水辺に移動する習性があります。

街の中で水辺まで移動するには、道路などを横切り、長距離を移動しないと水辺に辿り付けません。大きな雌親に小さな雛たちが一列に並んでついて行く様は特異な光景であり、道路を横断する間、車が止められることもしばしばあり、マスコミでその様子が取り上げられることが、最近多くなりました。

長野市街地にある高校から私に電話があり、大きな鳥が校内で卵を温めているとのことで、見に行ったことがあります。行ってみると、建物に沿って植栽された高さ50㎝程の細長い植え込みの中にカルガモが巣を造り、卵を温めていました。その場所は、生徒たちがたえずその脇を通る場所です。こんな人通りの多い場所でも繁殖していることに驚いたことがあります。

最近、市街地でカルガモが繁殖するようになったのは、河川などの自然の中で繁殖するよりも、人がたえずいる市街地で繁殖した方が捕食者から安全であることを学習したからと考えられます。しかし、カルガモにとって決して市街地は安全で子育てに適した場所ではありません。

孵化した雛を水辺に連れてゆくのは、そこで雛を育てるためです。街中の川の多くは3面張りのコンクリートで固められており、雛の餌となる水草や水辺の草が得られる場所は、今では少なくなっています。そんな街中の川に閉じ込められたカルガモの家族を何とかしてくれという電話が私にありました。川に降りる階段のある場所まで家族を誘導し、家族を川から何とか連れ出し、近くの別の川まで移動させた経験があります。その経験から、母親は子育てのことまで考えて巣場所を決めているのかどうか、大変疑問に思ったことがあります。

なぜ雌雄同色なのか

カルガモを見るたびに不思議に思うことがあります。それは、なぜカルガモだけが一年中雌雄同色の目立たない地味な姿をしているのかという点です。マガモに代表されるように、多くのカモでは雄が鮮やかな姿をしているのに対し、雌は地味な姿をしています。その理由は、カモ類の雛は孵化した翌日から自分で餌を採ることができることにあります。他の多くの鳥のように、雛に親が餌を与えることはしません。ですので、片親のみでも子育てが可能で、子育てを担当する雌親は、天敵に目立たないように地味な姿をしていると考えられます。一方、子育てから解放されている雄は、多くの雌から選ばれ、多くの雌を得るために鮮やかな色彩の姿になったと考えられています。

では、雄も地味なカルガモでは、雄も雌と一緒に子育てを手伝うかというと、他のカモと同様、全く手伝いません。

鳥一般に当てはまるこの雌雄の違いを説明する考えが、カルガモには当てはまらないのです。この問題については、別の視点からの説明が必要のようですが、それが何かについて、私は納得のできる説明をまだ持っていません。

漁業被害をもたらす黒い軍団　カワウ

漁食性の鳥

カワウ（河鵜）は、全長が82㎝ほど、体重が1・8㎏ほどの大型の鳥で、全身がほとんど黒い姿をした鳥です（写真①）。河川のほか、湖沼、河口に生息し、最近では数が増え、ほぼ日本中にみられるようになりました。魚が主食の鳥で、水に潜って魚を捕えます。嘴の先は、魚を捕えるのに適したカギ状に曲がっています。首が長いのも特徴です。

アフリカ、ユーラシア、北アメリカ、オーストラリアなど、世界中に広く分布している鳥です。本州、四国、九州で主に繁殖していますが、最近では北海道でも繁殖が見られるようになりました。ほぼ一年中みられる留鳥ですが、北海道のものは冬に南に移動します。

写真① 千曲川河畔の集団繁殖地で卵を温めるカワウ

写真② カワウでは珍しい崖地での集団繁殖

群れ性の強い鳥

ほぼ一年中群れで行動し、集団で餌を捕ることが多く、日中の休息、夜の塒(ねぐら)、さらに繁殖も集団で行います。単独でも水に潜って魚を捕えますが、多くの場合は数羽から数十羽の集団で水に潜り、魚を周りから追い詰めて捕えます。

　水辺に近い場所で休息し、塒を取りますが、同じ場所が使われることが多いので、その場所の植物が糞で枯れることもあります。また、集団で繁殖しますので（写真②）、その場所が林であった場合には、数年後には糞で林が枯れることがあります。人の住んでいる場所の近くが塒や集団繁殖地となった場合には、臭い糞のにおい、うるさい鳴き声、集団で飛び回る不気味な黒い姿に、付近の住民からは嫌われ、有害鳥獣駆除の対象になることもあります。

鵜飼いの鵜は近縁のウミウ

　現在は嫌われることが多いカワウですが、人の生活に役立てられてきた歴史もあります。鵜を使ってアユなどの川魚を捕る伝統的な漁法「鵜飼い」です。鵜飼いの歴史は古く、『日本書記』にも登場し、『古事記』にも詠まれ、群馬県の古墳からは鵜飼いの様子を表現した「鵜形埴輪」が出土しています。平安時代から貴族や武士は、鵜飼いを楽しんできました。織田信長は鵜飼いを見物し、鵜飼いに鵜匠の名を授け、鷹匠と同様に遇しました。その伝統は、今も受け継がれ、岐阜市の長良川鵜飼などで観光として残されています。

しかし、日本で鵜飼いに使われてきたのは、より体の大きいウミウの方が一般的で、カワウではありませんでした。カワウとウミウの糞は共に、愛知県では古くは肥料として使われた歴史もあります。

一時は絶滅に近い状態に

人の生活に利用され、また嫌われる存在のカワウも、数が減少し、絶滅が心配された時期もありました。1920年以前は、日本各地に生息していましたが、その後急速に数を減らし、1970年代初めカワウの集団繁殖地は愛知県の「鵜の山」、東京の「不忍池」、大分県の「沖黒島」の3ヶ所となり、3000羽以下に減少しました。減少した原因は、人による捕獲の他、農薬の使用、水質の悪化による餌となる魚の減少とされています。

その後の回復と漁業被害

いったん減少したカワウも、その後は増加に転じました。1980年代初めには2万〜2万5千羽に増え、さらに1990年代には飛躍的に増加し、現在では20万羽以上に回復しました。数の増加と共に、いったんいなくなった地域に分布を広げ、近畿から関東、東北へと広がり、最近では北海道でも繁殖が見られるようになったのです。

長野県では、カワウは1970年代に全くいなくなりましたが、1980年代に県南部から天竜川水系に入り、そこから犀川水系、さらに千曲川水系に分布を広げ、2000年代には長野県の主な水系と湖沼に広がり、現在では長野県のほぼ全域で見られるようになりました。

カワウの数が増加したことで、魚業被害が深刻になりました。千曲川中流域にあたる私が生まれ育った地域では、春のつけば漁、夏のアユ釣りがかつて盛んでした。それが、カワウの増加、さらに最近の外来魚コクチバスの急増で、現在ではほとんど見られなくなりました。同様の漁業被害は、カワウの増加と共に日本各地の河川で起きています。

2007年にカワウは狩猟鳥となり、狩猟可能期間であれば特別な許可なく捕獲ができます。しかし、警戒心が強く捕獲が難しく、多くの地域で漁業被害に悩まされています。

鳥の糞はなぜ白いのか?

今回、茨城県の宮本奈央子さんが千曲川で撮影した糞をするカワウの写真を提供してくれました。白い液体の糞をする瞬間を撮影したものです。この機会に、鳥の糞はなぜ白い

写真③　白い糞をするカワウ
＊茨城県那珂市在住宮本奈央子氏撮影

かについて、最後に解説させていただくことにしました。

鳥の糞が白いのは、尿酸が含まれているからです。尿酸は、鳥の体内での代謝の最終産物で、排泄物として体外に出されたものです。人を含む哺乳類では、代謝の最終産物は尿素で、尿として水に溶けて排泄されます。哺乳類では、消化できなかった糞と尿は別々に体外に出されますが、鳥類では最後に一緒になって排泄されます。写真③のカワウの糞が白いのは、両者が混ざっているからです。

今度、鳥の糞を見つけたら、消化できなかった糞と一緒に白い尿酸が含まれていることを確認してみてください。

砂礫地に営巣する　コチドリ

日本最小のチドリ

コチドリ（小千鳥）は、チドリ目、チドリ科の小鳥です。体長は16㎝程。スズメよりやや大きい程度で、この仲間では日本で最も小さい種類です。北海道から本州、四国、九州で繁殖し、日本では身近な水辺の鳥ですが、冬には東南アジアやオーストラリアに渡り、春に戻ってくる夏鳥です。日本のほか、ユーラシア大陸の中緯度以北で繁殖し、冬にはアフリカ北部やユーラシア大陸の南部に移動し越冬します。

黄色いアイリングが特徴

コチドリの特徴は、目の周りの黄色いアイリングです（写真①、②）。小さな黄色の羽毛が目の周りを取り囲んでいます。頭頂部から体の背面は灰渇色で、顔の周りは黒と白の

写真① コチドリは雌雄同色の地味な鳥

写真② 砂礫地で抱卵中のコチドリ

模様、首には黒い帯があり、体の下面は白です。水辺を歩き回り、ユスリカなどの水棲昆虫を主な餌としています。水辺をふらふらと歩きながら餌を探すので、酔っ払いが酒に酔って歩く様を千鳥足というのは、この鳥の歩き方からきています。市販された普通切手のデザインになったこともあります。

河川中流域の砂礫地に営巣

コチドリの主な生活場所は、川が大きく蛇行して流れ、川幅が広い河川中流域です。3月末から4月初め、コチドリは日本に繁殖のために戻ってきます。戻ってきた当初は、ピピピ、ピョイピョイと大声で鳴きながら飛びまわるので、今年も戻ってきたことを知ることができます。この鳥が繁殖する場所は、水辺の近くにある砂礫地です。洪水により草などの植生が流された裸地に巣を造って繁殖します（写真②）。巣は、地面を浅く掘ったもので、巣の底には小石、木くずなど集めた簡単なものです。4月後半から7月にかけて卵を3個から4個産みます。

砂礫地で目立たない保護色

コチドリは砂礫地では見事な保護色の鳥です。大小の礫が一面に敷き詰めた裸地でじっとしていたら、周りの環境に溶け込んで見つけ出すことは難しく（写真②）、動かない限り見つかりません。親鳥の姿そのものが砂礫地で目立たない保護色なので、裸地であっても巣に座り卵を温めていてもカラスなどの捕食者から安全なのです。保護色であるのは、親鳥だけではありません。巣の中の卵も小石とそっくりなのです。

そのことを、コチドリ自身が良く知っているのでしょう。人が巣に近づくと、30ｍほど手前まで来た時に巣からそっと離れます。巣を離れても、卵は保護色なので巣が見つかることはないことを知っているかのような行動です。

調査のための巣探し方法

現職の頃、信州大学の植物や動物などの様々な専門分野の先生方と共に、千曲川河川生態学術研究会を組織し、千曲川の総合調査を長年にわたり実施しました。私の担当は河川に棲む水鳥の調査でした。この調査では、多くの種類の水鳥の生態を研究室の学生と共に調査しましたが、コチドリもその研究対象でした。コチドリの調査では、前述のこの鳥の性質を利用し、調査地内のすべての巣を見つけることができました。

砂礫地を歩き、巣から離れて歩きだすコチドリをまず探します。コチドリを見つけても、その場所にすぐには行きません。この辺だと思って探しても巣は簡単には見つからないからです。ですので、コチドリを見つけたら、急いでその場から50ｍ以上離れた場所まで戻り、草地などに身を隠し、コチドリの様子を双眼鏡で観察します。コチドリは、しばらくすると巣に戻って来るからです。歩いて戻り、座り込んだ場所が巣です。その場所を、目印になりそうな周りの石をしっかり覚えて確認してから、真っすぐにその場所に向かい、再びコチドリが立ち上がり、歩き出すのを確認して巣を発見します。鳥の調査は、鳥と人との知恵比べでもあるのです。

雛を守るための擬傷行動

雛は、親鳥が交代で24日間卵を温めた後に孵化します。孵化後雛はすぐに歩け、餌も自分でとれるようになります。雌親に連れられて巣から離れた雛は、以後再び巣に戻ることはありません。親鳥は、孵化した雛を一ヶ月間ほど守りながら育てます。この頃は親鳥にとって、少しも気を抜けない時期です。千曲川には、卵や雛を狙う、カラスやトビ、イタチなどの様々な捕食者がいるからです。これらの捕食者に見つかってしまったら最後、親鳥は卵や雛を守ることはできません。信州大学で学生の時にコチドリの研究をした阿山郁子さんは、コチドリが雛を守る行動を観察し、次のように書いています。

親鳥は、カラスなど捕食者の気配を感じると、卵や雛から素早く離れ、「私は繁殖などしていません」とばかりに、餌をついばむふりをします。うまい表現だと思います。それでも対応できない時に、親鳥が取る行動が擬傷行動です。捕食者の前で羽をばたばたさせて傷ついたふりをし、注意を自分に引きつけ、雛のいる場所から補食者を遠ざける行動です。私も、調査中に雛がいることを知らずに近づいてしまい、コチドリの擬傷行動を調査中に何度も経験しました。雛もまた、小石そっくりな姿をした保護色です。

河川中流域の砂礫地という環境に適応し、親鳥・卵・雛ともに見事なまでに保護色となった鳥がコチドリです。

7章 冬に訪れる鳥

冬に訪れる上品な鳥　ミヤマホオジロ

秋から冬の時期に訪れ、人里環境で越冬する鳥を取り上げたのがこの章です。日本で繁殖した夏鳥が秋には南に渡っていった後、入れ替わるようにして多数の冬鳥が日本を訪れます。冬の時期、高い山は雪で覆われますので、これらの冬鳥が越冬するのは身近な人里です。カモ類など多くの冬鳥は水辺で過ごしますが、ここでは水辺から離れた人里で冬を過ごす、ジョウビタキ、ベニマシコ、カシラダカ、ツグミの4種について取り上げました。これらの鳥は、冬の時期家の周りや郊外に出かけた折によく見かける鳥です。これらの鳥を見かけたら、姿を楽しむだけでなく、海を越えてどこから渡って来たのか、春になると北の繁殖地に戻ってゆくことにも思いをはせて、観察してみてください。

冬の訪れを告げる　ジョウビタキ

大陸で繁殖し冬に訪れる

ジョウビタキは、スズメよりやや小さなヒタキ科の小鳥です。雄は、頭が銀白色、顔から喉が黒、胸から腹がオレンジ色ですが（写真①）、雌は灰色がかった茶色で、尾の両側と付け根はオレンジ色をしています（写真②）。雌雄共に翼に白斑があるのも特徴です。ジョウビタキの名の「ジョウ」は、雄の頭部が老人の白髪に似ていること、「ヒタキ」は火打石を打つカッ、カッと聞こえるこの鳥の鋭い声の「火焚」から名づけられました。

チベットから中国東北部、沿岸州、バイカル湖周辺の大陸で繁殖し、日本には冬に訪れる鳥です。一般的には標高９００ｍ以下の雪の少ない平地から低山の農耕地、住宅地、公園、河原などに飛来し、ほぼ全国で見られる身近な鳥です。

写真①　冬に訪れるオレンジ色のヒタキ。ジョウビタキの雄

写真②　雌は尾の付け根と尾の両縁がオレンジ色

＊①②ともに茨城県那珂市在住宮本奈央子氏撮影

冬の使者

秋も深まった10月下旬頃に日本を訪れ、渡来当初はヒッ、ヒッと盛んに鳴きますので、その声でこの鳥が渡ってきたことを知ることができます。冬の使者としてマスコミでよく白鳥が取り上げられますが、ジョウビタキの方は人の

生活圏に広く見られる身近な鳥ですので、鳥に関心のある方にはこの鳥の方が来るべき冬の到来を告げる冬の使者にふさわしい鳥と言えるでしょう。私の住む長野市郊外の飯綱山の麓では、この時期に毎年鳴き声を聞くことができ、大学に勤めていた頃には大学の校内でもよく聞くことができました。

雌雄それぞれが単独で生活

ジョウビタキが渡来当初に盛んに鳴きまわるのは、越冬のためのなわばりを確立するためです。ヒッ、ヒッに続いて時々カッ、カッと鳴き、同種の他個体に対し威嚇し、なわばりの主張を始めます。鳴く時には、尾羽を小刻みに震わせます。その鳴き声による主張は、雌雄それぞれが行い、冬を通して単独で生活します。この点は、以前に紹介したモズが非繁殖期には雄と雌がそれぞれなわばりを確立して生活するのと同様です。餌の得にくい厳しい冬を乗り切るには、雌雄それぞれがなわばりを確立し、餌の確保が必要なのでしょう。

秋の終わりから冬の時期のジョウビタキの餌は、小昆虫やクモ類の他に、ヤマウルシ、ヌルデ、アオツヅラフジなどの漿果、ツルマサキ、ヒサカキ、ヘクソカズラなどの実です。昆虫が得にくくなる冬には、植物質の餌が主食です。

日本で繁殖開始

ジョウビタキは、日本では長い間冬鳥でしたが、最近各地で繁殖する個体が見られるようになりました。最初に繁殖が確認されたのは、１９８３年北海道の大雪山麓でした。当初は偶発的な繁殖と思われていましたが、その後本州の各地でも繁殖が確認されるようになってきました。

２０１０年には長野県の富士見町、２０１２年には北海道上川町で繁殖が確認され、さらに２０１３年からは西日本でも繁殖が確認され、２０１３年には兵庫県の鉢伏高原で、翌２０１４年には岡山県でも繁殖が確認されました。その後は岐阜県、鳥取県でも確認されたほか、八ヶ岳周辺や浅間山南麓でも確認されています。今後も国内での繁殖拡大傾向が続くのかが注目されています。

別荘やリゾート地で繁殖

日本ではどのような環境でジョウビタキが繁殖を開始しているのでしょうか。その様子については、長野県と山梨県にまたがる八ヶ岳とその周辺での２０１０年から8年間にわたる調査で明らかにされています（山路・林　２０１８）。それによると、この間この地域では64か所で繁殖が確認され、それらの標高は最も低い場所で870m、最も高い場所は1760mで、特に1500m〜1600mに多かったのです。繁殖が確認された場所の周りの環境は、住宅地が1例あったほかは、すべてが別荘地とリゾート地でした。営巣していた場所は、家屋の換気扇フードなど、すべてが人工物であり、巣の地上高は2m前後でした。

中国では、林縁部の田畑、河川敷、住宅周辺で採食し、樹洞、崖、石垣の隙間などに巣を造り、稀に林縁部にある住宅の軒下にも営巣するとのことです。それに対し、ソ連のハバロフスク市の近郊やウスリー川下流の盆地では、ほとんどの巣は家屋の窓枠の陰、ツバメの古巣、別荘の棚の上などの人工物を利用しており、日本での営巣とよく似ていました。

変化する鳥の分布

鳥を含め動物は、種類ごとに限られた分布域を持っていますが、それは不変のものではないのです。日本では、ハクセキレイはかつて北海道や東北地方などのみで繁殖していましたが、20世紀後半より繁殖地を関東や中部地方へと広げ、現在では東日本では普通種になっています。

日本でのジョウビタキの繁殖は最近急激に広がっていることから、ハクセキレイと同様に今後多くの地域で留鳥となってゆくことが予想されます。しかし、なぜ冬鳥であったこの鳥が日本で繁殖するようになったのかの理由は、今のところハッキリせず不明です。鳥の分布は、10年、あるいは50年という単位で変化するものです。

日本鳥類目録とは

日本鳥類目録は、日本に生息する鳥類の目録で、日本での各種の生息状況等を日本鳥学会がまとめたものです。1922年に初版が出版され、その後たびたび改定版が出版されて来ています。現在使われているのは、日本鳥学会が創立100周年を迎えたことを記念し2012年に出版された改定第7版で、私が日本鳥学会の会長を務めていたときに纏められました。

新たな研究の進展により、鳥の分類や学名は変わります。また、鳥の分布や繁殖状況も変化してゆきます。ですので、それらの変化に合わせて改定してゆくことが必要なのです。現在改定第8版に向けて目録検討委員会が設置され、検討が行われています。次の改訂版では、ジョウビタキは冬鳥から繁殖鳥のリストに追加されることでしょう。この鳥類目録は、次の改定が行われるまで、図鑑や新聞・雑誌等の出版物、行政資料など、日本の鳥についての記載のベースになるものです。

サルの顔のように赤い鳥　ベニマシコ

北海道で繁殖する鳥

ベニマシコ（紅猿子）は、体長が15㎝程のスズメよりやや小さい小鳥です（写真①）。アトリ科の鳥ですので種子食に適応した太い嘴をしていますが、この鳥の嘴は丸くて短いのが特徴です。英名はLong-tailed Rose-finchで、体の割に尾が長いのも特徴です。さらに、バラの花のように赤い色をしているのが特徴です。ただし、赤い色をしているのは雄で、雌は褐色の地味な姿をしています（写真②）。

ロシアの西の端から中国北部、朝鮮半島、日本にかけて分布し、日本が東の端にあたります。日本では主に北海道で繁殖する鳥ですが、一部は本州北端の下北半島でも繁殖が知られています。北海道内陸部の平地から沿岸部の藪のある草原や湿原、林縁などに繁殖していますが、冬には本州以南に移動します。

写真①　バードウオッチャーに人気の赤い色をしたベニマシコ雄
※長野県佐久市在住　中山厚志氏撮影

写真②　セイタカアワダチソウにとまる渡来当初のベニマシコ雌
＊茨城県那珂市在住　宮本奈央子氏撮影

名の由来はサルの顔

和名のベニマシコは、雄の顔が猿の顔のように赤いことから名づけられました。そのため、漢字では紅猿子と書きます。日本では、ベニマシコはよく見かける身近な鳥ですが、マシコ（猿子）の名がつく鳥は、その他にオオマシコ、アカマシコ、ハギマシコ、ギンザンマシコがいます。いずれも雄は赤い色をしています。

絶滅したオガサワラマシコ

さらに、絶滅したマシコもいます。小笠原諸島の父島に生息していたオガサワラマシコです。日本列島から遠く離れた太平洋に浮かぶ小笠原諸島は、長い間無人島でした。絶滅した原因は、１９３０年代より人の移住が始まったことによる森林の伐採、ヤギの放牧による植生の破壊、人が持ち込んだネコやネズミによる捕食が原因とされています。

オガサワラマシコの標本は、１８２７年にイギリス人が採集した2羽と翌１８２８年にドイツ人が採集した9羽の標本があるのみです。いずれも外国の博物館に所蔵され、日本にはありません。東洋のガラパゴスとも呼ばれる小笠原諸島には、この島にしかいない固有種が多いのですが、鳥ではこの他にオガサワラガビチョウとハシブトゴイが絶滅していきます。日本で絶滅した鳥15種のうち、3種が小笠原諸島に生息していた鳥なのです。

最も大きな嘴を持つオガサワラマシコが、この亜熱帯の島でどんな生活をしていたかは、永遠に知ることが出来なくなってしまいました。

ハマナスの花の時期に繁殖

ベニマシコに話を戻しますが、私がこの鳥を調査したのは、20歳代の後半でした。当時、京都大学の大学院でカワラヒワを研究していた私は、京都での繁殖調査がほぼ終わった6月から、北海道の小清水原生花園に2年間にわたりそれぞれ1ヶ月間ほど出かけ、調査したことがあります。

小清水原生花園は、オホーツク海に面したハマナスなどの低木と草原で覆われた海岸にそって細長く続く砂丘で、雪解け後の6月からエゾスカシユリ、エゾキスゲ等が一斉に花を咲かせ、賑わいを見せます。ここでは、京都より3ヶ月遅いこの時期からカワラヒワの繁殖が始まっていました。

この小清水原生花園には、カワラヒワの他にノビタキ、ノゴマ、シマアオジなど多くの種類の鳥とともにベニマシコも繁殖していました。冬を温かい地域で過ごした多くの鳥が一斉に戻って繁殖を開始し、活発に飛び回っていました。

ここでベニマシコは、カワラヒワと同じ背丈1mほどのハマナスに巣を造っていました。雄は、京都で冬に見た時以上に赤い姿になっていました。まるでハマナスの赤い花が原生花園の中を飛び回っているようでした。巣を多数見つけることができ、巣の中の小さな青い卵が印象的でした。雌雄交代で卵を温め、昆虫などの餌を巣に運び、雛を育てる様子を観察できました。

小清水原生花園で多くの鳥の繁殖を観察できたこと、特にハマナスの花の中で繁殖するベニマシコをじっくり観察できたことは、若い頃の新鮮な思い出となっています。

冬には小群で生活

そのベニマシコも10月末から11月には本州以南に移動し、翌年の4月頃まで過ごします。私が現在住んでいる飯綱山の山麓では、人家周辺の林縁で時々姿を見かけます。また、長野市郊外の千曲川でもよく見かけます。雌雄からなる5羽から10羽ほどの群れで生活し、ピッとかフイッ、時にはピッホとも聞こえる声で鳴くので、鳴き声で見つけることができます。

藪の中で過ごし、声がしても姿が見えないこともしばしばですが、時々藪の上に出て、赤い姿を見せてくれます。雄は年齢と共に赤みが増してゆき、個体により赤みにちがいがあります。セイタカアワダチソウやヨモギといったごく小さな種子を丸い嘴でしごいて食べます。特に警戒心が強いわけではないのですが、意外と近づけない鳥です。そのためか、一冬に数回は出逢う鳥ですが、私はまだこの鳥の良い写真を撮れていません。

今回、ベニマシコの写真は中山さん、宮本さんが撮影されたものを使わせていただきました。

減少が懸念される鳥

ベニマシコは、バードウオッチャーにとってはあこがれの赤い鳥です。しかし、近年は各地で数が減少しています。その減少は、日本だけのことではないとのことです。２０２２年８月には、国際自然保護連合（ＩＵＣＮ）の絶滅危惧種にベニマシコが指定されました。さらに、小清水原生花園で見たシマアオジは、現在では北海道で見られる場所がほとんどなくなったとのことです。

私が若い頃に訪れ、鳥の豊富さに感激した北海道の小清水原生花園。今はどうなっているのでしょうか？ 私が体験した感動を次の世代の若い人にも体験できる場に、今もなっていることを願わずにはいられません。

世界的に減少が懸念される鳥　カシラダカ

ホオジロ科の鳥たち

鳥の観察を始めたばかりの人にとって、姿がよく似ていて種類の区別が紛らわしいグループの鳥が、ホオジロ科の鳥です。ホオジロに代表されるこのグループの鳥は、体が小さく、姿が地味で、同じような環境に棲み、似かよった生活をしているからです。その上、この科の多数を占めるホオジロ属は種類数が多く、24種類も日本に生息しています。

ですが、よく観察してみると、種類ごとに姿に違いがあり、棲んでいる環境や見られる時期などが違っています。多くの種類は、茶色を基調とした地味な姿ですが、雄の場合には頭部の色や模様に種類ごとの特徴があります。

今回は、このホオジロ科ホオジロ属のカシラダカについて紹介します。

写真①
警戒し頭の羽を立てる
カシラダカ

写真② 頭の羽を伏せた普段の
カシラダカ

頭の羽を立てる

カシラダカは、体長15㎝ほど、体重20gほどの小鳥です（写真①・②）。繁殖期の雄は頭と頬が黒く、茶褐色に黒斑のある姿ですが、雌は体全体が褐色をしています。雄は冬になると雌と同じ茶褐色の姿に変わり、冬には雌雄の区別が難しくなります。夏の繁殖期には昆虫が主食ですが、秋から冬には草の種子を好んで食べ、小さな種子を割るのに適した細長い嘴をしています。

この鳥の特徴は、驚いたときや興奮した時に頭の羽を立てる習性で、その習性がこの鳥の名（頭高）の由来となっています。

冬に訪れる鳥

カシラダカは、日本には冬に訪れる鳥です。スカンジナビア半島からカムチャッカ半島にかけてのユーラシア大陸の高緯度地方とアリューシャン列島で繁殖し、日本には北海道から本州、四国、九州に渡って来る冬鳥です。平地から山地の明るい林や林縁、草地、河原、農耕地で冬を過ごします。渡って来た当初は、林縁部などで数羽から数十羽の群れで生活していますが、時期がたつにつれて河原や農耕地といった開けた環境に多く見られるようになり、それと共に群れは大きくなる傾向があります。

大陸から多数渡ってくる鳥ですので、以前はツグミなどと同様にカスミ網などで多数捕獲され、長い間日本人の食用になってきた鳥です。しかし、カシラダカはその後狩猟禁止となりました。

北に戻る時期に聞かれるコーラス

冬の間を群れで過ごしたカシラダカは、3月末から4月に北に戻る時期になると、よく晴れた温かい日には林縁の林に集まってさえずるコーラスを歌います。集まって休息しながら、ヒバリの声に似た声で一斉に小声で長くさえずるのです。数分間そのコーラスが続くと、また始まり、それが繰り返されます。

このカシラダカのコーラスは、厳しい冬が終わったことを告げる鳥たちからのメッセージのように私には聞こえ、毎年聞くのを楽しみにしています。

このコーラスがカシラダカにとってどんな意味を持つかは、まだ解明されていませんが、北に旅立つ時期の特別な意味を持った行動と考えています。これからの長旅を無事に終えることを祈りながら、北に戻った雄が今度は1羽1羽がこの声でさえずり、なわばりを確立して繁殖する様子を想像しています。

かつて小椋干拓地で見られた大群

私が20歳代後半に京都でカワラヒワの研究をしていた頃、宇治川の蛇行でできた湿地を開墾した小椋干拓地と呼ばれる広大な水田地帯で、冬の時期には1000羽ほどのカシラダカの大群を見ることができました。スズメやアトリの大群と共に、収穫後の水田で落穂や籾を食べていました。また、この場所は、北から渡って来たカワラヒワの越冬地や渡りの中継地にもなっていた場所です。

その冬の光景も今は見られなくなりました。干拓地の真ん中に駅ができ、街が造られたためです。広大な水田地帯は失われ、京都盆地の冬の野鳥の重要な越冬場所はすっかり失われてしまいました。

世界的にも減少傾向

千葉県の我孫子に山階鳥類研究所があります。山階芳麿博士が設立した日本でただ一つの鳥類研究所です。ここでは、鳥を捕獲して足輪を付け放鳥することで、鳥の移動を研究する標識調査が長年行われてきました。その長期間にわたるデータの解析から、この研究所副所長の尾崎清明さんが、日本のカシラダカはこの40年間に年々急速に数を減らしていることを明らかにしました。1980年には全標識数6万7千羽のうち、カシラダカは総数の28%でしたが、それから35年後の2015年には標識数が12万羽に増加したにもかかわらず、カシラダカの割合はその４％に激減していたのです。

カシラダカの減少は、日本だけでなくスウェーデンやフィンランドでも同じ時期に起きています。北欧と東アジアの双方で、この30年間に75～87％が減少していることが分かりました。そのため、カシラダカは国際自然保護連合（ＩＵＣＮ）の絶滅危惧種に２０１６年に指定されました。

減少の原因については、気候変動、越冬地での生息環境の減少や農薬使用、さらに人による「捕獲圧」が疑われていますが、まだよくわかっていません。

普通種の動向こそ重要

日本人にとってどこでも見られたカシラダカが、知らない間に激減していたのです。このことは、カシラダカのような普通種の動向を見てゆくことの重要性を改めて認識させてくれました。この地球上で鳥が棲みにくくなっていることは、我々人間にとっても住みにくい環境に変わっていることを端的に示しているからです。

食用に捕獲された鳥　ツグミ

冬に訪れる鳥

秋の紅葉の時期は、冬を日本で過ごす鳥たちが北から次々に渡ってくる時期です。この頃までには、春に日本を訪れ、日本で繁殖した夏鳥は南に戻り終え、入れ替わるように北から冬鳥が日本列島に渡ってきます。シベリアやカムチャッカ、樺太など北方で繁殖したハクチョウやカモの仲間など、多くの鳥が秋に日本に渡ってきます。

ツグミ（鶫）は、そんな冬鳥で、冬には日本中に広く見られる身近な鳥です（写真①）。大きさはムクドリ位で、翼の茶色、胸から腹にかけての黒い鱗模様の斑点、目の上の白い眉斑が特徴の鳥です。

鳥の渡りがまだ理解されていない時代、夏になるとツグミの声が聞かれなくなることか

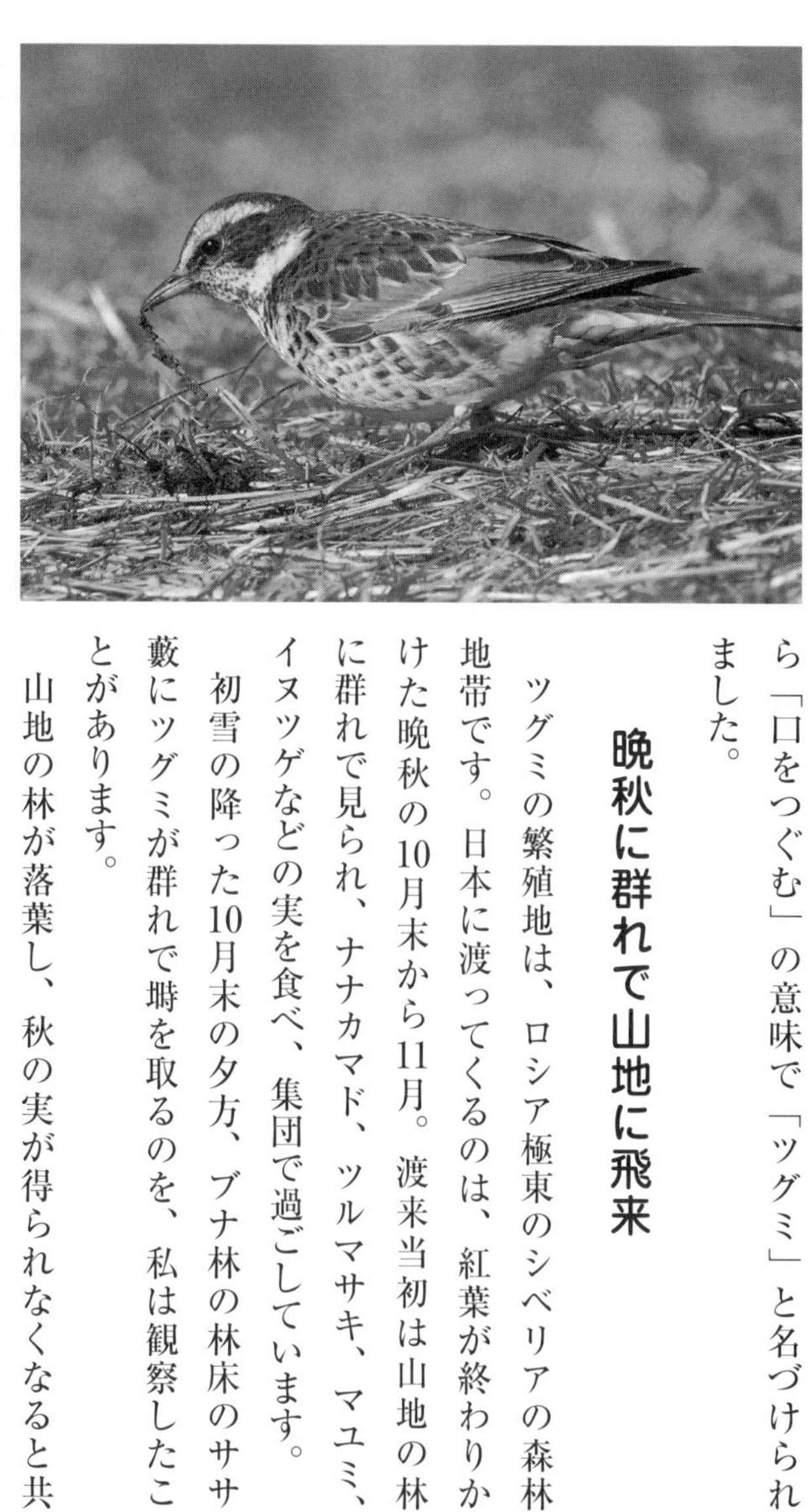

写真① 冬鳥として身近なツグミ
＊茨城県那珂市在住宮本奈央子氏撮影

ら「口をつぐむ」の意味で「ツグミ」と名づけられました。

晩秋に群れで山地に飛来

ツグミの繁殖地は、ロシア極東のシベリアの森林地帯です。日本に渡ってくるのは、紅葉が終わりかけた晩秋の10月末から11月。渡来当初は山地の林に群れで見られ、ナナカマド、ツルマサキ、マユミ、イヌツゲなどの実を食べ、集団で過ごしています。

初雪の降った10月末の夕方、ブナ林の林床のササ藪にツグミが群れで塒を取るのを、私は観察したことがあります。

山地の林が落葉し、秋の実が得られなくなると共に、ツグミは平地に降りて来て、冬には市街地でピラカンサなどの庭木の実も食べます。

写真②　開けた場所での採食では、数歩歩いては立ち止まるツグミ
＊茨城県那珂市在住宮本奈央子氏撮影

春先には平地の開けた場所に移動

ツグミは、山地の林から平地に降りて来た冬から春先にかけては、農耕地、草地、河原などの開けた場所の地上で餌を捕るようになります。木の実からミミズや昆虫など動物質の餌に食性が変わります。市街地の公園でも見かけるようになり、ツグミが身近に見られるようになるのは、2月以降のこの時期です。

また、この時期になると群れではなく、一羽一羽単独で行動する生活に変わります。ツグミが地上を歩きながら餌を捕る行動は、一種独特で特徴があります。数歩ぴょんぴょんとはねて歩いては立ち止まり、首を伸ばし胸をそらす（写真②）ことを繰り返します。

開けた環境で、単独での採食ですので、捕食者を警戒してこのように行動をとるのでしょうか？他の鳥では見られないツグミ独特の愛嬌のあるしぐさです。

カスミ網による大量捕獲

ツグミは、カスミ網によって日本で大量に捕獲され食用にされた時期がありました。秋が深まった10月から11月、大陸から日本海を越えて渡ってくるツグミが最初に降り立つのが能登半島や越前海岸の山地です。石川県、富山県、福井県、岐阜県など本州中部では、この時期山地の尾根に沿って多数のカスミ網を設置した鳥屋場（とやば）がつくられ、ツグミなどを捕獲していました。おとりのツグミの声や鷹の羽音を擬した音を立てることにより、上空を渡る群れを林内に急降下させて、林内に設置したカスミ網で捕えるのです。捕えたツグミを料理して食べる番小屋もあり、大正時代から昭和初期の戦前には、野鳥を焼き鳥として食べる風習が広く根づいていました。

それが、１９４７年にカスミ網による野鳥の捕獲が禁止され、鳥獣保護法によってツグミは保護鳥となったため、食用としての捕獲は禁止となりました。しかし、その後もカスミ網によるツグミ等の密漁が１９７０年代までは行われていましたが、野鳥の会等の保護団体の活動により、最近ではほとんど見られなくなりました。

日本のすぐれた鳥捕獲文化

日本には、古くから鳥を捕獲するすぐれた文化がありました。その鳥捕獲文化の代表がカスミ網で、日本人が発明した鳥の捕獲技術です。使用が禁止された現在も環境省等の許可を得て、鳥の研究のためにに使われています。私も、これまでカッコウなどさまざま鳥の研究のため、許可を得てカスミ網を使って鳥を捕獲し、足環を付けることで1羽1羽を個体識別できるようにし、また鳥に発信機を付けて行動を追跡する等の調査を行ってきました。

現在では、カスミ網はJapanese mist netと呼ばれ、世界中の多くの鳥の研究者がカスミ網を使って鳥を捕獲し、鳥の研究に役立てています。かつて日本ではカスミ網だけでなく、鳥の種類ごとの習性をうまく利用した多様な捕獲技術が確立されていました。

鳥類保護のため、鳥獣保護法によって野鳥の捕獲が禁止されましたが、その反面、鳥の多様な捕獲技術を継承した人が現在では高齢化し、かつての日本の野鳥を捕獲するすぐれた技術と文化が無くなってしまうことを、大変寂しく、残念に思っています。

時代と共に鳥と人との関わりは変化

野鳥と人との関わりは、時代と共に変化してきました。奈良時代から平安時代には、貴族の間で鳥を飼い、声や姿が楽しまれるようになりました。鎌倉時代から室町時代には、中国の花鳥画が日本に入ってきて、以後浮世絵などと共に独自の花鳥画の文化が生まれています。安土桃山時代から江戸時代には大陸から入って来た鷹狩の技術が大名を中心に好まれ、独自の鷹狩文化を発展させています。カスミ網による鳥の捕獲は、江戸時代から始まっていますが、カスミ網の大量生産が可能となった大正時代から昭和初期には、先に述べたようにツグミ等の野鳥を大量に捕えて食べることが行われた時代もあります。

野鳥を捕えて食べることは、おそらく縄文時代以来ずっと続いてきたと考えられますが、現在は野鳥を捕えて食べることはほとんどなくなりました。現在では、野生の鳥を双眼鏡や望遠鏡で観察し、また庭に餌台を設置し、鳥の姿や鳴き声を楽しむバードウオッチングが鳥との関わり方の中心となっています。鳥と人との関わりは、これからも時代とともに変化してゆくことでしょう。

身近な冬鳥　アトリ

橙色の喉と胸をした冬鳥

アトリ（花鶏）は、冬の時期に見られる喉と胸が橙色をした小鳥で、大きさはスズメよりやや大きい程度です。雄は繁殖期には頭部が黒いのですが、冬の時期には雌のよう黒と灰色のまだら模様になります。雌は雄に比べて黒や橙色が薄いので、冬の時期でも雌雄の区別ができます（写真①・②）。

アトリの分布は広く、ユーラシア大陸北部から樺太にかけての亜寒帯針葉樹林で繁殖し、冬には北アフリカの他、ヨーロッパから中央アジア、中国、朝鮮半島、日本に渡ります。日本に訪れるのは、シベリア方面で繁殖する集団で、日本全国で見ることができます。市街地の公園などでも見られ、日本では最も身近な冬鳥です。

庭などに設置した餌台にもよく訪れ、ヒマワリの種やヒエ、キビなどの種子を好んで食べます。

写真① 冬羽のアトリの雄

写真② 雄より色がやや薄い雌
＊①②ともに茨城県那珂市在住宮本奈央子氏撮影

アトリの名の由来は、集まる鳥（あつとり）がなまったものと言われています。また、紅葉を終えて葉が落ちた木に群れで止まる姿が、木に花が咲いているように見えることからアトリは「花鶏」と書かれ、秋の季語にもなっています。

晩秋に大群で訪れる

アトリが大陸から日本海を渡って日本に本格的にやってくるのは、紅葉がほぼ終わった晩秋です。渡来する数は年により違いますが、渡来当初、多い年には数千から数万羽の大群を標高の高い山地で見ることができます。

渡来当初にはたえず大群で飛び回り、秋に実ったナナカマドの実やカエデの種子、ブナやコメツガの球果の種子に群がります。飛びながら「キョッ、キョッ、キョッ」とよく鳴くので、その声でアトリが今年も渡って来たことを知ることができます。アトリは、ハクチョウやジョウビタキなどとともに、冬の到来を告げる冬の使者です。

アトリが日本に留まるのは翌年の5月初めまでですが、この間を通してずっと群れで生活しています。渡来当初大群でいた群れも、山が雪に覆われるとともに平地に降りて来て、群れのサイズは次第に小さくなります。

冬から春先には開けた環境に

アトリは、冬から春先にかけては平地に移動し、林縁の林の他、農耕地、川原などの開けた環境でも見られるようになります。私が1970年代に京都でカワラヒワの研究をしていた頃、宇治川の流れに囲まれた小椋干拓地と呼ばれる広い水田地帯で、千羽ほどのアトリが大群となり落穂を食べ、時々舞い上がり移動するのを観察したことがあります。

生息環境が山地の林から平地の開けた環境に変化するとともに、アトリが食べる餌は米やソバなど地上に落ちた穀類や草の種子に変化します。

かつて、アトリは穀類を食べることから害鳥とされていました。しかし、イネ狩前の水田で米を食べることや、収穫前のソバを食べることはないので、スズメのように農業に害を与える鳥ではありません。

カスミ網で捕獲されかつては焼き鳥に

アトリは、前回紹介したツグミとともに、かつてはカスミ網で大量に捕獲され、焼き鳥にして食べられていました。渡来直後の山地で群れでいる時期、トヤ場に張ったカスミ網で捕えていました。

それが１９４７年以降、カスミ網の使用が法律で禁止されました。禁止後も１９７０年代ごろまでは密漁が広く行われていましたが、現在ではほとんどなくなりました。

また、私が子供の頃の今から60年ほど前までは、空気銃などでスズメ、ムクドリ、キジバト等の野鳥が捕獲され、食べられていました。

現在では、カスミ網の使用が禁止されただけでなく、野鳥を捕えること自体が禁止され、野鳥を食べることはほとんど無くなりました。

秋に訪れる冬鳥たち

秋の10月から11月には、ツグミやアトリだけでなく多くの冬鳥が次々に日本列島にやってきます。冬を日本で過ごし、春には北に戻ってゆく鳥です。

今では鳥の渡りの実態が解明され、広く理解されていますが、そうなったのはここ100年ほどのことです。それまでは、毎年決まった時期に姿を見せる鳥はどこからやってくるのかは謎でした。

前にも紹介したことがあるミヤマホオジロは、奥山で夏に繁殖し、秋になると里に降りてくると考えられ、この名がつけられました。ですが、実際には大陸から海を越えて渡って来ていたのです。

足環による標識で解明された鳥の渡り

鳥の渡りの実態が解明されたのは、鳥に足環を付け、その鳥がどこで確認されるかの調査が実施されてからです。長年にわたる標識調査により、秋にはシベリアやカムチャッカ半島など北で繁殖した多くの鳥が海を越えて日本列島にやって来ることがわかりました。逆に、日本で繁殖した鳥の一部は秋までに姿を消し、翌年の春にはまた姿を見せます。ツバメなどの夏鳥です。これらの鳥は、海を越えて東南アジア、さらに南のオーストラリアなどに渡って冬を過ごし、春には日本に戻ってくることがわかりました。

最近では、電波を出す発信機を鳥に装着し、その電波を地球を回る気象衛星がキャッチし、繁殖地と越冬地、それらを結ぶ渡りのルートも含め、鳥の渡りの実態がより正確に解明されています。

身近な鳥への関心を

鳥に関心があったら、年間を通し多くの鳥を身近で見ることができます。冬鳥に出会う機会がありましたら、その鳥の繁殖地での生活と海を越えて日本に渡ってくる姿を想像してみてください。私たちと同様に、それぞれの鳥はそれぞれの生活を持っています。この地球上で生きているのは人だけでないことに、改めて気づくことでしょう。

8章

高山に棲む鳥 ライチョウ

ライチョウの親子

この章では4回にわたるライチョウのエッセイを掲載しました。日本のライチョウは、今から2～3万年前の最終氷期に大陸から移り棲み、世界最南端の地である本州中部の高山にぽつんと隔離分布する集団で、国の特別天然記念物に指定されています。高い山には神が住む古くからの山岳信仰により、日本のライチョウは神の鳥とされて来たことで、世界で唯一人を恐れない集団です。その貴重な日本のライチョウは、近年多くの山での数の減少、以前にはいなかったキツネ、テン、カラスなどの捕食者の高山への侵入、同じく以前にはいなかったニホンジカ、ニホンザル、イノシシの高山帯への侵入によるお花畑の食害、さらには地球温暖化の影響など様々な課題を抱えています。そのため、環境省を中心に、絶滅した中央アルプスでのライチョウ復活作戦など、いくつかの保護対策が行われています。世界の最南端の地で絶滅せずに今日まで生き延びてきたこの貴重な鳥を、これからも日本の高山で見ることができるようにしたいと思います。

人を恐れない日本のライチョウ

今回から４回にわたり、国の特別天然記念物で、近い将来絶滅の可能性の高い絶滅危惧種に指定されているライチョウ（写真①・②）についてご紹介したいと思います。ライチョウは、私が信州大学の学生のころから同大学を退職した現在も含め、私が最も長い間研究してきた鳥です。現在も年間１００日間ほど山の上でこの鳥の調査と保護活動にかかわっています。

今回はライチョウとはどんな鳥かを紹介し、２回目はその現状と課題にふれた後、３・４回目は現在実施している絶滅した中央アルプスにライチョウを復活させる事業についてご紹介します。

写真① 冬羽のライチョウ雌雄

写真② 繁殖羽のライチョウ雌雄

世界最南端に分布する集団

ライチョウは、日本だけでなく北極を取り巻く北半球北部に広く分布する鳥です。鳥の中では最も寒い環境に適応した鳥の1種です。日本では本州中部の高山に生息しますが、日本のライチョウは、世界最南端の地にポツンと分布し、北の大集団とは完全に隔離された集団です。

北の集団はツンドラなどの平地に棲むのに対し、日本のライチョウは高山に棲むのが特徴です。世界最南端の地で高山に棲む日本のライチョウは、大変貴重な集団であることから、国の特別天然記念物に指定されています。

最終氷期に移り棲む

日本のライチョウの祖先は、今から2～3万年前の最終氷期に大陸から入って来た集団です。その後氷河期が終わり、温暖化と共に高山に逃れることで、世界の最南端の地で今日まで生き残って来ました。

日本のライチョウは、最終氷期に北から日本列島に入ってきましたので、かつては北海道や東北の高山にもライチョウが生息していたと考えられますが、今から6000年前の今より温暖な時期にこれらの高山のライチョウは絶滅したと考えられています。山が低く、面積も小さかったからなのでしょうか。それに対し、本州中部にはアルプスに代表される高い山があったので、今日まで絶滅せずに生き残ることができたのでしょう。

日本の次に南に分布する集団はフランスとスペインの国境にあるピレネーに棲む集団、3番目はヨーロッパアルプスに棲む集団です。日本を含むこれら3つの集団は、いずれも高山に生息しています。最終氷期には、ライチョウは今よりもずっと南まで分布を広げていましたが、氷河期の終了と共にライチョウは北に退き、一部が分布南限の地の高山に取り残されたのです。

ライチョウと私の関わり

私の恩師、信州大学の羽田健三先生は、大学を退官するまでの30年間、ライチョウの研究をされました。先生が解明されたことは、ライチョウの春から秋の高山での生活と本州中部の山ごとのライチョウの数の解明です。

私は、学生の頃からライチョウの調査を手伝い、大学院を終えて助手として戻ってから羽田先生が退官するまでの5年間、後者の生息数の調査を手伝いました。その結果、羽田先生が20年ほどかけた調査から、1980年代当時日本に生息するライチョウは約3000羽であることが分かりました。

羽田先生の退官後に研究室を引き継いだ私は、その後長い間ライチョウの研究から遠ざかっていました。私自身の研究であるカッコウの托卵研究に長い間関わっていたからです。カッコウの研究で外国を訪れる機会が多くなり、アリューシャン列島、アラスカ、カナダ、ノルウェー、スコットランド、フランスなどを訪れた折に外国のライチョウを見ることができました。これらの国のライチョウを見て驚いたことは、いずれの国でも人の姿を見ると飛んで逃げることでした。

人を恐れない日本のライチョウ

日本のライチョウのもう一つの特徴は、人を恐れないことです。北極周辺の集団は、長い間狩猟の対象となって来た歴史を持っており、現在も多くの地域で狩猟鳥となっていますので、今も人の姿を見ると飛んで逃げるのです。それに対し、日本のライチョウは、登山中に出会っても逃げることはありません。

なぜ日本のライチョウだけが人を恐れないのか？　その理由を突き詰めると、日本文化にその原因がありました。稲作を基本とする日本文化の最大の特徴は、里と里山は人の領域、奥山は神の領域として使い分けてきた点にあります。水田の水確保のため、奥山の森には手を付けず、神を祀ってきた歴史があります。修験道に代表される日本の山岳信仰です。その神の領域の最も奥に棲むライチョウは、長い間神の鳥とされてきました。

それが、明治期に修験道が禁止され、信仰心を持たない人が山に入ったことにより、ライチョウが一時的に乱獲されました。その一時期を除いて、日本のライチョウはかつては信仰心により、その後は法律によって守られて来ました。ですので、日本のライチョウは狩猟の対象となったことがなかったので、今日なお人を恐れないのです。その意味で、人を恐れない日本のライチョウは、日本文化の産物と言えるでしょう。

＊　＊

世界最南端の地の日本の高山でライチョウが絶滅せず、今日まで生き延びることができたのは、奇跡といえるでしょう。それを可能にしたのが、日本の高山特有の多雪と強風です。それらにより本来より低い標高にライチョウが棲める高山の環境が日本列島に存在しました。また、移り棲んだ地域に住む日本人が高い山には神が住むという特殊な文化を持っていなかったら、日本の高山でライチョウは生き延びることはできなかったことでしょう。

日本のライチョウの現状と課題

50歳を過ぎてライチョウ調査を再開

前回にもふれたように、長年にわたりライチョウを研究された恩師の羽田健三先生が信州大学を退官された後、私は長い間ライチョウの研究から遠ざかっていました。私自身の研究であるカッコウの托卵研究に長い間関わっていたからです。それが、50歳を過ぎてからライチョウの研究を再開することになりました。

再開することになったのには、いくつかの理由がありました。カッコウの研究が一段落したこと、外国のライチョウを見て、人を恐れないのは日本のライチョウのみであることに気づき、その理由には日本文化が深く関わっているという重要な点に気づいたこと、さらにはその頃には羽田先生が亡くなられていたことなどです。その後、日本のライチョウ

写真①雪穴の中で休む冬羽の雌

写真②孵化直後の雛を連れた雌親

はどうなっているのだろうか？

研究を再開して見えてきたことは、かつて羽田先生と一緒にライチョウを調査していた頃には考えてもみなかった様々な課題を日本のライチョウが抱えていることでした。

多くの山岳での数の減少

まず、最初に気づいたのは、多くの山岳での数の減少でした。２００３年の9月、22年ぶりに南アルプスの北岳を訪れました。北岳から間ノ岳にかけての地域は、以前の調査では南アルプスで最もライチョウが多く生息する場所でした。それが、ライチョウの姿や生活痕跡がほとんど見つからなかったのです。明らかに異変が起きていると気づきました。

そのため、翌２００４年の6月には北岳から間ノ岳一帯の調査を実施しました。その結果、１９８１年の調査ではこの地域一帯に計63のなわばりがあったものが、計18なわばりに激減していることが分かりました。

このことを契機に、他の山岳についても以前に調査したと同じ時期に同じ方法でなわばり数の調査をすることになりました。

6年間の調査により分かったことは、火打山や乗鞍岳のようになわばり数は以前とほとんど変わっていない山岳もありましたが、多くの山岳でなわばり数が減少していることでした。最も減少が激しかったのは南アルプスの北岳から間ノ岳にかけての地域で、南アルプス全体では、以前の半分以下に減少していました。次に減っていたのは御嶽山で、以前の半分ほどに減少していることがわかりました。

この調査の結果をもとに、全山のライチョウの数を推定すると2000羽以下となり、羽田先生が調査を終えた1980年代の3000羽より、この30年間に大きく減っていることがわかりました。

低山の動物の高山への侵入

ライチョウ調査を再開して2003年9月に北岳を訪れた折に驚いたことは、もう一つありました。それは、北岳一帯にニホンザルの糞があり、実際にニホンザルの群れが北岳の高山帯で見られたことです。私が30代の頃にライチョウ調査に訪れても、ライチョウの棲む高山帯でニホンザルを見かけたことは全くありませんでした。

南アルプスの調査が進むにつれて、以前には高山帯で見られなかったニホンジカとイノシシも高山帯に上がってきていることが分かりました。これらサル、シカ、イノシシは、いずれも本来は低山帯に棲む草食動物で、以前には高山にはいませんでした。高山帯に侵入したこれらの動物が食べているのは、高山植物です。高山のお花畑が、これらの動物の食害により失われ、ライチョウの生息環境そのものが破壊される危険があると考えられます。

高山に侵入したのは、これらの草食動物だけではありません。同じく本来は平地や低山に棲むキツネ、テン、カラス、チョウゲンボウといった捕食者が近年は高山帯に侵入し、ライチョウを捕食しています。

日本の高山でライチョウの本来の捕食者は、イヌワシやクマタカといったライチョウの成鳥を捕食する大型猛禽類とライチョウの卵や雛を捕食するオコジョのみであったと考えられます。それが、これら本来の捕食者に加え、様々な平地の捕食者が最近は高山に侵入してライチョウを捕食しているのです。

地球温暖化問題

日本のライチョウにとって将来懸念される問題は、個体数の減少や低山に生息するシカ等の草食動物やチョウゲンボウ等の捕食者の高山帯への侵入と共に、温暖化の問題です。

温暖化の影響は、北の高緯度地域ほど、また標高の高い地域ほど強く受けると考えられているので、日本で最も温暖化の影響を受けやすいのは、高山に棲むライチョウです。温暖化により、ライチョウの棲める森林限界以上の高山帯の面積が狭められるからです。

日本のライチョウは、現在高山の山頂や尾根筋で繁殖していますので、温暖化が進行した場合、上に逃げる場所がないのです。それに対し、日本の次に南に分布し、日本と同様に高山に取り残されているピレネー山脈やヨーロッパアルプスに棲むライチョウの場合には、山頂ではなく、山腹にあたる場所に現在棲んでいますので、温暖化が進行しても上に逃れる余地があります。その意味で、世界の最南端に分布し、現在山頂部を中心に棲息する日本のライチョウは、世界で最も温暖化の影響を受けやすい集団なのです。

* *

ライチョウ調査を再開し、日本のライチョウは以上の様々な課題を抱えていることを知ってしまった私は、このままでは日本のライチョウは確実に絶滅することを確信するに至りました。そのため、それ以後はライチョウの保護にも手を付けざるを得なく、大学を退職した現在もライチョウの保護に取り組むことになりました。

卵を差し替える試み

50年ぶりに飛来した雌

2018年7月、ライチョウに関するビッグニュースがありました。ライチョウが絶滅した中央アルプスで、50年ぶりに雌のライチョウ1羽が登山者により発見されたのです。そのことが、地元の信濃毎日新聞に写真付きで掲載されました。

そのことを南アルプスの北岳山荘にいた私に電話で知らせてくれたのは、当時環境省信越環境事務所でライチョウの担当をしていた福田真さんでした。私が数人の協力者と共に北岳山荘に泊まり込み、孵化したばかりのライチョウ家族を山荘近くに設置したケージに収容し、悪天候とキツネやテン、チョウゲンボウなどの捕食者から人の手で守るための「ケージ保護」活動に従事していた時のことです。

無精卵を産み続ける

そのニュースを聞いて思い出したのは、2009年に同じくライチョウが絶滅した白山で70年ぶりに見つかった1羽の雌ライチョウのことでした。その年の秋、私は白山を訪れ、その雌について調査をしています。また、翌年の繁殖時期にも白山を訪れ、その雌の調査を行っています。さらに、地元の方の調査結果とも合わせ、私が知ったことは、ライチョウの雌は雄がいなくても繁殖時期になると巣を造り、卵を産み温めることでした。しかし、無精卵ですので、いくら温めても雛は孵化しません。最後に雌は卵を温めることを諦め、巣を放棄することでした。

第11回ライチョウ会議石川大会を白山の麓の金沢市で開催した折、私はその基調講演の中で、これを機会に白山に他の山から雄を連れてくることで、白山にライチョウを復活させる提案をしました。しかし、地元の方の反対で、実現しませんでした。

その雌は、その後8年間白山に生息していたのですが、その間無精卵を産み続け、ついに2016年を最後にいなくなったという苦い経験があります。

有性卵と差し替える試み

白山で実施できなかったことをこの機会に中央アルプスで実施することで、中央アルプスにライチョウを復活させることはできないだろうか? 北岳山荘でのケージ保護終了後、雌が飛来した中央アルプス駒ケ岳を訪れ、ライチョウの棲める環境が十分あることを確認した私は、環境省の福田さんにあるアイデアを持ちかけました。

それは、飛来雌が次の年も無精卵を産んだら、その無精卵を隣の乗鞍岳から採集した有性卵とこっそり入れ替えることで、雛を孵化させるというものでした。私は、30代から50代にかけての25年間、カッコウの托卵行動を研究しています。その研究成果を生し、カッコウが托卵する行動を真似るという作戦です。

福田さんの理解が得られ、環境省として翌2019年に卵の差し替えを試みることになりました。幸いなことに、翌年の2019年にも飛来雌は無事に生き残り、8個の卵を産みました（写真①）。この8個の無精卵と差し替えるのは、乗鞍岳から採集したまだ抱卵が始まっていない産卵中の巣から採集した卵です。抱卵が始まっていない卵でしたら、差し替えてから22日目に雛は一斉に孵化します。採集する卵は、1巣から2卵までと決めて

写真① 2019年に飛来雌が産んだ8個の無精卵

いたのですが、飛来雌が抱卵を開始した日までに発見できていた巣は2つのみでした。そのため、これら2巣からそれぞれ3卵採集することに、急遽予定を変更しました。

乗鞍岳で6月8日に採集された抱卵開始前の6卵は、車で中央アルプスのしらび平駅まで運んだ後、駒ケ岳ロープウエイで千畳敷駅まで運び、以後は徒歩で飛来雌の巣のある場所まで運び、この日の夕方に巣の中の8個の無精卵が取り除かれ、代わりに6個の有精卵に差し替えが実施されました。

幸いなことに、卵を差し替えたことに雌は気づかずに抱卵を続け、22日後に6羽の雛は無事孵化しました。雛を孵化させることに成功したのです。しかし、残念なことに10日後にはすべ

写真② 2020年7個の無精卵と差し替えられた8個の有精卵

ての雛が失われ、初年度の試みは失敗に終わりました。

2年目の試みはサルの妨害で失敗

2020年からは環境省の第二期ライチョウ保護増殖事業が開始され、その計画に中央アルプスにライチョウを復活させる事業が正式に組み込まれました。その結果、卵の差し替えは、2020年にも再度実施することになりました。1年目と異なる点は、動物園で飼育しているライチョウの有性卵と差し替える点です。この年飛来雌の産んだ7個の無精卵が動物園からの8個の有精卵（写真②）と6月7日に差し替えが行われました。この年も差し替えた卵は雌に受け入れられ、22日後の6月29日に雛は無事孵化しました。

しかし、雛が孵化したこの日に悲劇が起きました。この年初めて駒ケ岳にニホンザルの群れが上がって来て、そのうちの1頭が孵化した雛の鳴き声に気づき、巣を覗いたのです。その結果、驚いた雌が巣から飛び出し、孵化したばかりの雛も続いて巣から飛び出し、その後雛は巣に戻れず、寒さで死亡してしまったのです。その一部始終が巣の近くに設置したセンサーカメラで撮影されていました。

こうして2回にわたる飛来雌の産んだ無性卵を有性卵に差し替える試みは、2回とも雛の孵化には成功したのですが、2回とも雛が孵化後に死亡してしまい、中央アルプスにライチョウを復活させることには貢献できませんでした。

＊　　＊

しかし、もう一つの復活作戦である乗鞍岳で一か月間ケージ保護した3家族計19羽（雌親3羽＋雛16羽）をヘリで中央アルプス駒ケ岳に運び、現地の環境にならして放鳥する試みは成功し、２０２３年には中央アルプス全体で繁殖しているライチョウの数は80羽までに増えています。

中央アルプスライチョウ復活作戦

２０１８年7月、ライチョウが絶滅した中央アルプスに50年ぶりに１羽の雌が飛来しました。それを契機に、環境省は２０２０年から中央アルプスにライチョウを復活させる事業を本格的に開始しました。

その復活作戦の一つが、前回紹介した飛来雌が産んだ無性卵を有性卵と差し替え、雛を孵化させる試みでした。しかし、この試みはニホンザルの妨害で失敗に終わりました。

どこの山から持ってくるか?

もう一つの作戦は、他の山からライチョウを持ってきて、移植する試みです。問題は、どこの山から何羽のライチョウを持ってくるかです。日本のライチョウは北アルプスの集団と南アルプスの集団に大きく2つに分かれることが遺伝子解析から分かっています。中央アルプスは、その両アルプスの中間に位置しますので、どちらの集団からの個体を基に中央アルプスにライチョウを復活させるかが重要です。

２０１８年に飛来した雌の羽を採集し、遺伝子を調べたところ、この雌は北アルプス系統で、北アルプス方面から飛来したことが分かりました。また、中央アルプス山麓の市町村に依頼し、学校等にあるライチョウの剥製標本を調査していただいたところ、宮田村小学校で１００年以上前の大正時代に中央アルプス駒ケ岳で採集されたライチョウの剥製標本が1個見つかりました。その標本の遺伝子を分析したところ、絶滅した中央アルプスのライチョウは、北アルプス系統であったことが分かりました。

何羽を持ってくるか?

次の課題は、何羽のライチョウを持ってくるかです。新たな集団を作る場合、最初の個体数が多いほど、理想的です。少数からスタートすると、集団の遺伝的多様性が低い集団となり、絶滅しやすいからです。ですが、多くの個体を持ってくると、持ってきた元の集団に影響が出ます。また、成鳥を持ってきた場合には、その影響は大きくなります。

ケージ保護による復活作戦

これらの問題の解決策として、「ケージ保護」があります。日本のライチョウは、孵化後一ヶ月間の雛の死亡が高く、孵化した時に6羽、7羽いた雛は、一か月後には2羽、3羽に減ってしまいます。その原因は孵化時期の梅雨による悪天候とテンやキツネ等による捕食であることが分かりました。雛が自分で体温維持が可能となり、飛べるようになるまでの一ヶ月間、人の手で守ってやる方法として考え出されたのが「ケージ保護」です（写真①・②）。

この方法は、南アルプスの北岳で2015年から実施され、5年後には北岳を含む白根三山のライチョウの数を4倍に増やすことに成功しています。この方法を使えば、そのままにしておいたら死んでしまう雛を人の手で守ってやることで、元の集団に大きな影響を与えず、かつまとまった数のライチョウを移植できます。

検討の末、北アルプスの乗鞍岳から一ヶ月間ケージ保護した3家族を中央アルプス駒ケ岳にヘリで運び、放鳥することになりました。

この計画を基に、2020年7月に乗鞍岳でケージ保護した3家族、計19羽（雌親3羽、雛16羽）が8月1日にヘリで乗鞍岳から中央アルプス駒ケ岳に運び、現地の環境に慣らした後に放鳥しました。こうして乗鞍岳からの19羽に2018年の飛来雌1羽を加えた計20羽を基に中央アルプスでの復活事業が開始されました。

写真① 孵化の翌日ケージに収容された飛来雌とその6羽の雛 2023年6月29日撮影

写真② ケージに収容された家族は、日中はケージから出され外で自由に生活します

中央アルプスでの高い生存率

翌2021年、中央アルプスの高山帯全域で調査を行いました。その結果、前年の20羽のうち18羽（雌親4羽、雛14羽）が無事に冬を越し、繁殖していることがわかりました。しかも18羽は、放鳥した駒ヶ岳周辺だけでなく、北の端の将棋ノ頭山から中央アルプスのほぼ中央の桧尾岳、熊沢岳まで分散して繁殖していました。

ライチョウは、雌雄共に生まれた年の翌年の1歳から繁殖を開始します。1歳まで生き残った雛14羽のうち8羽は雄で、それぞれがなわばりを確立し、雌を得て繁殖したのです。乗鞍岳での長年の調査から、ライチョウは冬にはほとんど死なないことがわかっていました。ですので、２０２０年の20羽の多くが翌年まで生き残ると予想していましたが、これほど多くの個体が生き残り、繁殖してくれるとは思っていませんでした。

２０２1年8月にはライチョウの数は一年間で3倍に増加

２０２1年には駒ヶ岳周辺で繁殖した5家族を一ヶ月間ケージ保護した後、雌親5羽と雛計25羽を放鳥できました。また、ケージ保護しなかった家族も加えると、この年の8月初め時点での中央アルプス全体のライチョウの数は、64羽となりました。前年8月の同じ時期の20羽からわずか1年間で3倍以上に数を増やすことができました。

繁殖数はその後2年連続して2倍に増加

繁殖開始2年目の２０２２年には、中央アルプス全体で計41羽の繁殖が確認できました。前の年の18羽から2倍以上に繁殖数が増加し、2年目には南端の南駒ヶ岳まで、中央アルプス全域で繁殖が行われました。

さらに繁殖開始3年目にあたる今年2023年には、中央アルプス全体で80羽ほどが繁殖していることが確認できました。繁殖数は前年のさらに2倍に増えたのです。

当面の目標は繁殖個体100羽

環境省の第2次ライチョウ保護増殖計画では、来年の2024年までに繁殖個体を100羽に増やすことが目標です。この目標は十分達成できる見通しとなりました。この当面の目標に対し、将来は人の手を借りなくても集団維持可能な200羽まで増やすことが最終目標です。

ひき続いて情報の提供をお願いします

現在、中央アルプスで繁殖するライチョウのほとんどは、左右の足に2個ずつ、計4個の色足環で一羽一羽が識別されています。ですので、この足環の確認により上で述べた正確な生息数の把握が可能なのです。また、各個体の生まれた場所、親子関係、年齢などがわかっています。それが可能なのは、我々の現地での調査の他、多くの登山者によるヤマップ等による情報提供です。引き続いてライチョウに関する情報の提供をお願いいたします。

おわりに

２０２1年4月から２０２４年3月の3年間にわたり月刊新聞モルゲン（後のモルゲンＷＥＢ）に連載した計33回の鳥のエッセイを一冊の本にまとめ、ここに出版することができました。本書のタイトルは、連載のタイトルと同じ「野鳥と私たちの暮らし」にしました。本書では、２０２1年10月に同じ遊行社から出版した前著「野鳥の生活　森に棲む鳥」では取り上げなかった、私たちの周りの開けた環境に棲む鳥について主に取り上げました。また、私が現在調査と保護活動を行っている高山に棲むライチョウについても取り上げています。ライチョウは、私たちの生活圏からは離れた高山に棲む鳥で、私たちの生活からは最も縁遠い存在のように思われますが、日本の歴史と文化に密接な関係を持っている鳥であることが最近わかってきたからです。

今回のシリーズで取り上げた鳥は、いずれも私たち日本人と長い間共存してきた日本文化とも深いかかわりを持ってきた鳥ばかりです。本書を手にしていただいた方には、身近な野鳥に一層関心を持っていただき、私たちと共に身近に生活している野鳥の生活について知って頂くことを通し、人間中心の考え方から自然と共存した生き方に少しでも目を向けていただけましたら幸いです。

今回の出版にあたり遊行社モルゲン編集部の本間千枝子さんと遠藤法子さんのお二人には、原稿の校正やレイアウトをしていただいたほか、本の体裁についても検討いただきました。イラストレーターの浅見麻耶さんには、各章扉のイラストを描いていただきました。さらに、茨城県那珂市在住の宮本奈央子さんには、キジバト、カイツブリ、カルガモ等多数の鳥の写真を提供いただき、また長野県佐久市在住の中山厚志さんと同じく長野県栄村在住の保坂順一さんにはベニマシコの写真を提供いただきました。これらの方々に心からお礼申し上げます。

２０２４年５月20日
飯綱山山麓の自宅にて
中村　浩志

［主要参考文献］

中村浩志　「カワラヒワ個体群の年変動及び生活場所の季節的変化に関する研究」　山階鳥研報　第5巻6号　一九六九年

中村浩志　「カワラヒワ（Carduelis sinica minor）個体群の繁植地へのすみつき」　生理生態　第17巻1・2号　一九七六年

中村浩志　「カワラヒワCarduelis　sinica　の夏季の集合と換羽」　日本鳥学会誌「鳥」第28巻1号一九七九年

中村浩志　「カワラヒワCarduelis sinicaの誇示行動地域からの分散と繁殖期における社会構造」　山階鳥研究報　第22巻1号　一九九〇年

中村浩志・重盛究　「オオジシギGallinago hardwickii の繁殖期における日周活動と社会構造」　山階鳥研報　第22巻3号　一九九〇年

中村浩志編著　『歩こう神秘の森戸隠』　信濃毎日新聞社　二〇一一年

中村浩志　『野鳥の生活―森に棲む鳥―』　遊行社　二〇二一年

羽田健三監修　『野鳥の生活』　築地書館　一九七五年

羽田健三監修　『続野鳥の生活』築地書館　一九七六年

羽田健三監修　『続々野鳥の生活』築地書館　一九八五年

中村浩志　なかむら ひろし

1947年長野県生まれ。

信州大学教育学部卒業。

京都大学大学院博士課程修了。

理学博士。

信州大学教育学部助手、助教授を経て1992年より教授。専門は鳥類生態学。主な研究はカッコウの生態と進化に関する研究、ライチョウの生態に関する研究など。日本鳥学会元会長。2012年に信州大学を退職。名誉教授。現在は一般財団法人中村浩志国際鳥類研究所 代表理事。2021年には「第75回（公財)日本鳥類保護連盟常陸宮総裁賞」及び「第7回安藤忠雄文化財団賞」を受賞。著書に『甦れ、ブッポウソウ』（山と渓谷社)、『雷鳥が語りかけるもの』（山と渓谷社)、ライチョウを絶滅から守る』（共著・しなのき書房）など。最新刊は『野鳥の生活　森に棲む鳥』（遊行社)。

野鳥と私たちの暮らし

2024年10月10日　初版第1刷発行

著　者　中村　浩志
発行者　本間　千枝子
挿　画　浅見　麻耶
発行所　株式会社遊行社

〒191-0043 東京都日野市平山1-8-7
TEL　042-593-3554
FAX　042-502-9666

印刷・製本　モリモト印刷株式会社

ISBN978-4-902443-77-6